Ashok Kumar
Sarita Agarwal

Distrofia Miotónica Tipo 1: Uma visão do distúrbio de expansão de três repetições

Ashok Kumar
Sarita Agarwal

Distrofia Miotónica Tipo 1: Uma visão do distúrbio de expansão de três repetições

ScienciaScripts

Cover image: www.ingimage.com

This book is a translation from the original published under ISBN 978-3-330-65177-7.

Publisher:
Sciencia Scripts
is a trademark of
Dodo Books Indian Ocean Ltd. and OmniScriptum S.R.L publishing group

120 High Road, East Finchley, London, N2 9ED, United Kingdom
Str. Armeneasca 28/1, office 1, Chisinau MD-2012, Republic of Moldova, Europe
Printed at: see last page
ISBN: 978-620-8-16024-1

Resumo

A distrofia miotónica é uma doença multissistémica autossómica dominante caracterizada por miopatia miotónica. As expansões de repetição instáveis da repetição (CTG)n no 3'-UTR do gene DMPK e uma repetição (CCTG)n no intrão 1 do gene CNBP (anteriormente *ZNF9*) causam os dois subtipos conhecidos de distrofia miotónica: (i) distrofia miotónica tipo 1 (DM1) e (ii) distrofia miotónica tipo 2 (DM2), respetivamente. Esta revisão foca a fisiopatologia molecular, a genética, o diagnóstico, o tratamento e os aspectos terapêuticos da DM1. O comprimento da expansão da repetição (CTG)n na DM1 está correlacionado com a gravidade da doença e a idade de início. A repetição causa a doença não só devido à perda de função do gene mutado, mas também os genes vizinhos (genes homeobox), o stress oxidativo, a metilação e outros factores também estão envolvidos na patogénese da doença. Os sintomas e a gravidade da distrofia miotónica tipo 1 (DM1) variam entre formas graves e congénitas. Nos doentes adultos, podem ocorrer perturbações da condução cardíaca, o que leva a uma redução do tempo de vida. Nas gerações seguintes, os sintomas da DM1 podem aparecer numa idade mais precoce e ter um curso mais grave (antecipação). Atualmente, não existe cura, mas o tratamento de suporte ajuda a reduzir a morbilidade e a mortalidade, e os doentes precisam de ser monitorizados de perto para acompanhar os seus problemas clínicos.

Abreviaturas

MyD/DM- Myotonic dystrophy

DM1- Myotonic Dystrophy type 1 (DM1)

TREDs- Triplet repeat expansion disorders

UTR- Untranslated region

DMPK- Dystrophia yotonica protein kinase

CTG- Cytosine-thymine-guanine repeat

DMAHP- Dystrophia myotonica associated home domain protein)

DMWD- Dystrophia myotonica containing WD repeat motif

MBNL1- Muscle blind protein

PND- Prenatal diagnosis

PGD- Preimplantation genetic diagnosis

ROS- Reactive oxygen species

GST- Glutathione-S-Transferase

GPx- Glutathione Peroxidase (GPx),

SOD- Superoxide Dismutase (SOD),

MDA- Malonialdehye (MDA)

EMG- Electromyography (EMG)

ECG/EKG-Electrocardiogram

EEG- Electroencephalography (EEG)

NCV- Nerve conduction velocity (NCV)

SSS- Sum of severity scoring

MDRS/MIRS- Muscular disability/impairment rating scale

CoQ10- Coenzyme Q10

PCR-RFLP- PCR-Restriction fragment length polymorphism

TP-PCR- Triplet primed PCR

1. INTRODUÇÃO

A distrofia miotónica (MyD/DM) é uma doença multissistémica crónica, lentamente progressiva, altamente variável, herdada de forma autossómica dominante. Caracteriza-se por uma marcada variabilidade clínica intrafamiliar e interfamiliar. Existem dois tipos principais de distrofia miotónica, nomeadamente a distrofia miotónica tipos 1 e 2 (DM1 e DM2), que são causadas por mutações em dois genes diferentes: *DMPK* (proteína cinase da distrofia miotónica) e proteína de ligação ao ácido nucleico celular, ou seja, *CNBP* (anteriormente conhecida como *ZNF9*, ou seja, proteína de dedo de zinco), localizados no cromossoma 19q13.3 e 3q21.3, respetivamente (Mankodi *et al.*, 2002). A mutação DM1 é uma repetição alargada de trinucleótidos (triplet repeat) citosina-timina-guanina (CTG) na região 3'-untranslated (UTR) do gene DMPK (Buxton *et al.*, 1992; Fu *et al.*, 1992; Mahadevan *et al.*, 1992). Varia de 5 a 35 na população normal e mais de 50 repetições estão associadas à gravidade da DM1 (Kamsteeg *et al.*, 2012; Kumar et al., 2013). Por outro lado, a DM2 deve-se a um número aumentado (~5000) de repetições de tetra-nucleótidos citosina-citosina-timina-guanina (CCTG) no primeiro intrão do gene ZNF9. A incidência da DM2 parece ser muito inferior à da DM1 e parece ser dependente da população, com uma incidência mais elevada na Alemanha e na Finlândia (Suominen *et al.*, 2011; Udd *et al.*, 2006). A doença apresenta um fenómeno de antecipação genética, com os indivíduos afectados nas gerações seguintes a apresentarem uma idade de início mais precoce e um curso clínico mais grave (Howeler *et al.*, 1989), o que se deve à expansão do número de repetições durante a gametogénese.

As repetições (CTG)>19 foram associadas ao DM1, com prevalência aumentada nas populações brasileira e europeia (Tishkoff *et al.*, 1998), seguida das populações coreana (Kim *et al.*, 2008), taiwanesa (Pan *et al.*, 2001) e africana (Harley *et al.*, 1992). Da mesma forma, o padrão de incidência para DM1 também foi observado, com um aumento da percentagem em europeus

(Harper, 1989) do que em africanos (Ashizawa *et al.*, 1991). No entanto, há muito poucos relatos mostrando a diversidade de repetições CTG em diferentes populações indianas normais com mistura.

A distrofia miotónica tipo 1 (DM1) é a distrofia muscular mais comum nos adultos. As principais caraterísticas da DM1 são a miotonia, a fraqueza muscular progressiva e a perda de massa muscular, bem como um amplo espetro de sintomas sistémicos (Harper, 2001). A expressão clínica é invulgar, caracterizada por uma variabilidade acentuada entre e dentro de pedigrees (Harper, 2001; Harley *et al.*, 1992) e por uma antecipação genética notável (Fleischer, 1918), com a idade de início a diminuir tipicamente 25 a 35 anos por geração (Howeler *et al.*, 1989). Com base em inquéritos clínicos, a prevalência mundial está estimada em 12,5/100000 (1 em 8000) (Harper, 1989 e 2001), mas pode ser mais elevada, uma vez que muitos doentes não são diagnosticados em idades mais avançadas. No entanto, a prevalência da doença em várias populações indianas é ainda desconhecida.

O gene DMPK tem cerca de 14 kb de tamanho e codifica 2,3 kb de ARNm com

15 exões e uma proteína serina-treonina cinase dependente de adenosina monofosfato cíclico (AMPc) de 624 aminoácidos (Mahadevan *et al.,* 1993; Shaw *et al.,* 1993). A descendência de um indivíduo com um alelo expandido tem 50% de hipóteses de herdar o alelo mutante. Shaw *et al.* (1985) utilizaram o método PCR-RFLP para detetar alelos normais e expandidos da distrofia miotónica. Na década de 1990, Sermon *et al.* e Brook *et al.* utilizaram a PCR aninhada e fluorescente; no entanto, no início da década de 1920, as técnicas de PCR multiplex e Southern blot foram descritas por Sermon *et al.* (2001), Spits *et al.* (2006) e Goossens *et al.* (2008). Mais tarde, o método TP-PCR provou ser mais útil do que o Southern blot para analisar o alelo expandido no gene DMPK. Finalmente, o método de escolha foi utilizado por vários investigadores para o rastreio de repetições CTG (Radvansky *et al.*, 2011a & 2011b).
Vários factores estão envolvidos na patogénese da doença, um dos quais é o stress oxidativo. É a base fundamental de muitas das alterações estruturais, funcionais e bioquímicas que caracterizam as distrofias musculares hereditárias nos animais e nos seres humanos. Nos organismos vivos, existe um equilíbrio complexo entre a produção e a destruição de espécies reactivas de oxigénio (ROS). O excesso de ROS reage com uma variedade de biomoléculas, como o ADN (Marnett, 2000), os lípidos (Yla-Herttuala, 1999) e as proteínas (Stadtman *et al.,* 2000). Danifica a estrutura celular e está envolvida no processo de envelhecimento (Cadenas *et al.,* 2000; Finkel *et al.,* 2000). A presença de subprodutos do dano oxidativo e o aumento compensatório dos antioxidantes celulares indicam stress oxidativo nos músculos distróficos.
O teste genético da DM1 desempenha um papel crucial na caraterização e orientação dos médicos para uma terapia e tratamento adequados nestes casos. A DM1 partilha um fenótipo com a ataxia espinocerebelosa e a ataxia de Friedreich, o que torna difícil definir claramente o fenótipo da DM1. A nível primário, os marcadores físicos e bioquímicos, a creatinina quinase sérica (SCK), a eletromiografia (EMG), a velocidade de condução nervosa (NCV) e a biopsia muscular são utilizados para diagnosticar a distrofia miotónica, mas é necessária uma intervenção molecular adequada para confirmar o diagnóstico.

2. DEFEITOS DE EXPANSÃO DE REPETIÇÕES TRIPLETES (TREDs)

As perturbações de expansão de repetições de trinucleótidos (perturbações de repetições de trinucleótidos ou perturbações de expansão de repetições de tripletos ou perturbações de reiteração de codões) são uma série de doenças genéticas causadas pela expansão de repetições de trinucleótidos. A doença manifesta-se quando o número de repetições aumenta e ultrapassa o limite das repetições normais e prejudica a função do gene. Se as repetições estiverem presentes num gene saudável, uma mutação dinâmica pode aumentar o número de repetições e dar origem a um gene defeituoso. Uma questão interessante é porque é que três nucleótidos são expandidos e não dois ou quatro ou outro número qualquer. As repetições de dinucleótidos são uma caraterística comum do gene
genoma, e isto representa uma repetição maior (VNTRs-Variable Number Tandem Repeats). Uma possibilidade é que as repetições que não são múltiplos de três não

são viáveis. As expansões de repetições de trinucleótidos estão normalmente localizadas perto de regiões codificantes do genoma, pelo que as repetições que não são múltiplos de três podem causar mutações de frameshift, enquanto as mutações de três pares de bases não causam mutações de frameshift catastróficas. As repetições de trinucleótidos são por vezes classificadas como mutações de inserção e por vezes como uma classe separada de mutações.

2.1 Classificação das doenças de expansão de trinucleótidos

Anita Harding foi a primeira a identificar a ligação entre a expansão de repetições de trinucleótidos e doenças que conduzem a disfunções neurológicas. A primeira doença de tripletos a ser identificada foi a síndrome do X frágil (repetição CGG), a segunda foi a síndrome do X-E frágil (repetição CCG). Atualmente, existem 14 doenças de repetição de trinucleótidos documentadas em seres humanos. Atualmente, sabe-se que dez doenças neurológicas são causadas por um número elevado de repetições CAG, normalmente em regiões codificadoras. Quando a repetição CAG foi substituída por uma série de repetições CAACAG, a toxicidade foi drasticamente reduzida (Li *et al.*, 2008). Quanto maior o número de repetições, mais grave é a doença e mais cedo ela ocorre (Walker, 2007). Estas doenças dividem-se em três categorias: (i) poliglutamina (PolyQ) ou distúrbio de expansão codificante (ii) não poliglutamina ou distúrbio de expansão não codificante (iii) distúrbio de polialanina. Em mais de metade destas doenças, o códão repetido é CAG e codifica a glutamina (Q), resultando num trato de poliglutamina [doenças de poliglutamina (PolyQ)] **(Tabela 1)**. As restantes doenças em que os codões repetidos não codificam a glutamina são classificadas como doenças sem poliglutamina (repetições não codificantes) **(Tabela 2)** e doenças com polialanina **(Tabela 3)**. As doenças em que as expansões de repetições triplas ocorrem em regiões não codificantes causam geralmente uma perda da função do gene ou um efeito tóxico ao nível do ARNm, enquanto as que ocorrem em regiões codificantes resultam numa expansão

Trato de poliglutamina ou polialanina no produto proteico que causa a toxicidade da proteína, com ou sem perda da função normal.

3. CONHECIMENTOS BÁSICOS SOBRE AS DISTROFIAS MIOTÓNICAS

A distrofia miotónica ou *distrofia miotónica* foi descrita pela primeira vez em 1904 por um médico alemão chamado Hans Steinert (Harper, 2001). A distrofia miotónica (fraqueza muscular) é uma doença neuromuscular que é herdada de forma autossómica dominante. A incidência mundial da DM varia entre 1/20000 nas populações japonesa, asiática e africana e 1/8000 nos caucasianos (Foff *et al.*, 2011). Existem dois tipos principais de distrofia miotónica: DM1 e DM2. A DM1 (doença de Steinert) é causada por uma mutação no gene da proteína quinase serina-treonina dependente de AMPc *DMPK*, localizado no cromossoma número 19 (19q13.3) (Brook *et al.*, 1992). Por outro lado, a DM2 é causada por uma mutação que aumenta o número de repetições CCTG no intrão 1 do gene da proteína 9 do dedo de zinco (*ZNF9*) no cromossoma 3q21.3. Normalmente, o número de repetições é de 11-26, mas a mutação aumenta o número de 75 para mais de 11000. A DM2 é mais comum em doentes europeus e é prevalente na Alemanha e na Finlândia (Suominen *et al.*, 2011; Udd *et al.*, 2006) **(Tabela 4)**. No entanto, a prevalência relativa da DM1 é muito elevada em comparação com a DM2 (98% vs. 2%). O grau de antecipação e gravidade da DM2 é menor ou imprevisível (Dabby *et al.*, 2011). Pensa-se que as mutações da DM não são tão prevalentes no subcontinente indiano; no entanto, são necessários estudos epidemiológicos genéticos bem concebidos para compreender melhor a prevalência da doença na Índia. Estão a ser procuradas novas mutações em algumas famílias com fenótipo semelhante ao da DM que não têm mutações DM1 ou DM2 (Mankodi, 2008).

Quadro 1: Perturbação de repetição de poliglutamina (repetição de CAG)

Type	Gene	Protein	Locus	Normal PolyQ repeats	Pathiogenic PolyQ repeats	Symptoms
DRPLA (Dentatorubropallid oluysian atrophy)	*ATN1* or *DRPLA*	Atrophin	12p13.31	6-35	49-88	Ataxia, myoclonic epilepsy, dementia
HD (Huntington disease)	*IT15*	Huntingtin	4p16.3	9 – 35	35	Chorea, dementia
SBMA (Spinobulbar muscular atrophy or Kennedy disease	*AR*	Androgen receptor	Xq13-q21	9-36	38-62	Weakness
SCA1 (Spinocerebellar ataxia Type 1)	*SCA1*	ATXN1 (Ataxin1)	6p23	6 – 35	49 – 88	Ataxia
SCA2	*SCA2*	ATXN2	12q24.1	14 – 32	33 – 77	Ataxia
SCA3	*SCA3/MJD*	ATXN3	14q32.1	12 – 40	55 – 86	Ataxia
SCA6	*CACNA1A*	α_{1A}	19p13	4 – 18	21 – 30	Ataxia
SCA7	*SCA7*	ATXN7	3p12-p13	4 – 18	21 – 30	Ataxia
SCA17	*TBP* (TATA box binding protein)	TBP	6q27	25 – 42	47 – 63	Ataxia

Quadro 2: Perturbação negativa não-Nolvslutamina

Type	Gene	Protein	Locus	Triplet repeat	Normal repeat	Pathogenic repeat	Symptoms
FRAXA (Fragile X syndrome)	*FMR1*	Fragile X mental retardation 1 protein	Xq27.3	CGG	6 – 53	230+	Mental retardation
FXTAS (Fragile X associated tremor/ataxia syndrome)	*FMR1*	Fragile X mental retardation 1 protein	X	CGG	6 – 53	55-200	Mental retardation
FRAXE (Fragile XE mental retardation)	*AFF2 or FMR2*	Fragile x mental retardation 1 protein	Xq28	GCC	6 – 35	200+	Mental retardation
FRDA (Friedreich's ataxia)	*FXN or X25*	Frataxin	9q13-q21.1	GAA	7 – 34	100+	Ataxia, weakness, sensory loss
DM1 (Myotonic dystrophy 1)	*DMPK*	Dystrophica myotonica protein kinase	19q13	CTG	5 – 37	50+	Weakness, myotonica
SCA8	*OSCA or SCA8*	Undetermined	13q21	CTG	16 – 37	110 - 2	Ataxia
SCA12	*PPP2R2B or SCA12*	Regulatory unit of phosphatase PP2A	5q31-q33	CAG	7 – 28	66-78	Ataxia

Quadro 3: Perturbação da polvalanina

Type	Gene	Protein	Locus	Symptoms
Occulopharyngeal dystrophy	*PABPN1*	Poly(A)-binding protein 2	14q11.2-q13	Weakness
Congenital central hypoventilation syndrome	*PHOX2B*	Paired-like homeobox 2B	4p12	Respiratory difficulties
Infantile spasms	*APX*	Aristaless-related homeobox,X-linked	Xp22.13	Mental retardation, epilepsy
Synpolydactyly	*HOXD13*	Homeobox D13	2q31-q32	Limb malformation

O tamanho das repetições de ADN permanece estável ao longo do desenvolvimento embrionário. O tamanho das repetições varia consideravelmente nos diferentes tecidos de um indivíduo, sendo as repetições nos músculos, coração e cérebro significativamente maiores. Estes tecidos são os mais gravemente afectados na DM (Thornton *et al.*, 1994). A mutação DM2 é altamente instável e apresenta maior variação e tamanhos de repetição muito maiores. Felizmente, o fenótipo não é pior em pacientes com DM2 com expansão maciça de repetições **(Tabela 4)**. Na mesma linhagem, os membros da família podem apresentar um amplo espetro de gravidade clínica e tamanhos de repetição variáveis. Apesar da baixa prevalência da distrofia miotónica no subcontinente indiano, os indivíduos afectados têm de ser rastreados a nível molecular e diagnosticados a nível pré-natal para sensibilizar a comunidade médica e as famílias em risco. Dado que se trata de uma doença de início tardio que é normalmente ignorada pelos médicos de clínica geral, não pode ser ignorada pelos geneticistas, pelo que as pessoas afectadas necessitam de um diagnóstico, tratamento e aconselhamento adequados na consulta de genética.

Tabela 4: Quadro demográfico e clínico do DM1 e DM2

Features	**DM 1**	**DM 2**
Epidemiology	Widespread	European
Onset age (years)	0 to adult	8-60
Anticipation and severity	Moderate-severe	Mild-moderate
Congenital form	Yes	No
Facial weakness	More	Less
Proximal onset	Late	Early
Distal onset	Early	Late
Muscle pain	Less	More
Myotonia	Yes	Yes
Chromosome	19q13.3	3q21.3
Mutated gene	DMPK	ZNF9
Mutation type	CTG repeats	CCTG repeats
Repeat size	50-4000	~ 5000
Cataracts	More	Less
Balding	More	Less
Cardiac arrhythmias	More	Less
Gonadal failure	More	Less
Hypersomnia	More	Less

3. 1CTG repeats Diversidade (variabilidade) em populações normais de diferentes grupos étnicos

Existe uma grande variedade de repetições CTG observadas em diferentes grupos étnicos, e a maioria dos estudos foi efectuada em populações doentes. Existe uma correlação entre a incidência de doenças e a presença de alelos com mais de 19 repetições na população normal (Devi *et al,* 1998; Basu *et al,* 2000; Deka *et al,* 1996; Imbert *et al,* 1993; Davies *et al,* 1992; Yamagata *et al,* 1996). De acordo com esta hipótese, os europeus ocidentais, seguidos dos japoneses, têm uma frequência de repetições CTG (>19 repetições) de 21 e 7,4 %, respetivamente. Os alelos com mais de 18 repetições foram encontrados em apenas 1,4% dos taiwaneses com uma baixa prevalência de DM1 (Pan *et al.,* 2001) e em 4,2% dos coreanos (Kim *et al.,* 2008). A população africana, que não tem alelos superiores a 19, tem uma baixa incidência de DM1. Por conseguinte, as repetições normais (CTG)≥19 representam um reservatório para mutações de expansão recorrentes (Imbert *et al.,* 1993; Neville *et al.,* 1994). A frequência do alelo mais comum diferiu entre populações caucasianas e asiáticas. Nos europeus, cinco repetições são mais comuns, nos japoneses e coreanos 12 repetições cada (Deka *et al.,* 1996; Martorell *et al.,* 2001; Choi *et al.,* 1999).

Na Índia, foi encontrada uma extensa mistura de populações e diversidade genética de CTGs repetidos. Muito poucos relatórios da Índia (Devi *et al.,* 1998; Basu *et al.,* 2000) sugerem que a incidência de CTGs repetidos >19 é muito baixa. Mais uma vez, este facto pode ser uma explicação para a incidência relativamente baixa da doença na Índia.

da nossa população e actua como uma ferramenta para os alelos que se pensa que se propagam, mas com menos frequência.

A disseminação de repetições (CTG)n para a grande variedade em humanos parece ter tido origem numa população ancestral do nordeste africano antes de os humanos modernos terem migrado para fora de África. Esta disseminação de alelos de repetição (CTG)n pode ter excedido um limiar de número de repetições para além do qual ocorre uma taxa de mutação mais elevada, explicando a distribuição generalizada de alelos (CTG)≥19 fora de África (Deka *et al.,* 1996; Tishkoff et al., 1998).

4. CONHECIMENTO GENÉTICO DO DM1

4.1 Estrutura do gene DMPK

O gene DMPK, que é representativo da doença, está localizado na posição cromossómica 19q13.3. Vários genes vizinhos, tais como *DMAHP* (dystrophia myotonica associated home domain protein)/*SIX5*, dystrophia myotonica containing WD repeat motif (*DMWD*) e muscle blind protein (MBNL1) **(Fig. 1A & 1B)** influenciam a expressão do gene DMPK (Frisch *et al.,* 2001; Klesert *et al.,* 1997; Klesert *et al.,* 2000). O gene DMPK tem cerca de 14 kb de comprimento e codifica 2,3 kb de ARNm com 15 exões e uma proteína serina-treonina cinase dependente de AMPc de 624 aminoácidos (Mahadevan *et al.,* 1993; Shaw *et al.,* 1993). A proteína DMPK é constituída por um domínio cinase e um domínio coiled-coil (para a formação de dímeros estáveis). A estrutura cristalina do domínio cinase da DMPK, que está ligado ao inibidor bisindolilmaleimida VIII (BIM-8), mostra uma enzima dimérica ligada por um domínio de dimerização conservado. O domínio da cinase encontra-se numa conformação ativa, com uma hélice αC totalmente ordenada e corretamente posicionada e resíduos catalíticos numa conformação adequada para a catálise. O motivo hidrofóbico conservado na extensão C-terminal do domínio da cinase está ligado ao lóbulo N-terminal do domínio da cinase, embora não esteja fosforilado. As diferenças na disposição da extensão C-terminal em comparação com as cinases associadas a Rho estreitamente relacionadas incluem um motivo PXXP alterado, um motivo

conformação e disposição de ligação diferentes para o motivo Turn e uma posição diferente para o motivo NFD conservado (Elkins *et al.*, 2009) **(Figura 2)**. *A DMPK* é uma quinase da família AGC e está sequencialmente mais estreitamente relacionada com as quinases alfa, beta e gama de ligação à Cdc42 relacionadas com a distrofia miotónica (MRCKα/MRCKβ/MRCKy), que partilham aproximadamente 60% de identidade de sequência com o domínio quinase da DMPK. *A DMPK* também está estreitamente relacionada com as quinases associadas a Rho I e II (ROCK1/ROCK2), com 45 e 43% de identidade, respetivamente, bem como com a citrulina quinase (CRIK). Existem seis isoformas diferentes de DMPK, quatro das quais se distribuem independentemente do tipo de tecido, enquanto duas se encontram predominantemente no músculo liso (Groenen *et al.*, 2000). Quatro isoformas têm um peso molecular de cerca de 74 kDa, ao passo que as duas isoformas específicas do músculo liso têm apenas cerca de 68 kDa e são truncadas no terminal C em comparação com as isoformas maiores **(Figura 2)**. As AGC quinases são reguladas pela ativação da fosforilação do loop e pela fosforilação do motivo hidrofóbico. A MRCK requer a dimerização e a transautofosforilação para ser activada, com os locais de fosforilação prováveis em Ser234, Thr240 e Thr403 (Tan *et al.*, 2001). Estes resíduos são todos conservados na DMPK e, embora a DMPK sofra autofosforilação (Wansink *et al.*, 2003), ainda não foram identificados sítios claros. A atividade de autofosforilação é modulada pelo motivo VSGGG.

Figura 1A e 1B: Localização e posição do gene *DMPK* vizinho.

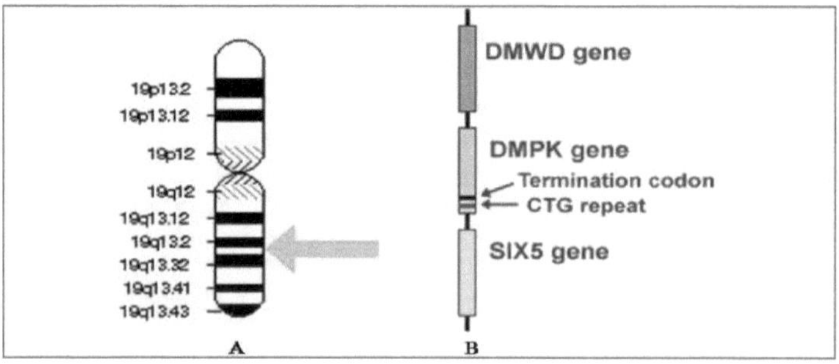

(1A) **A** seta indica a localização do gene DMPK na posição 19q13.3. **(B)** Posição representativa dos genes vizinhos (*DMAHP* e *SIX5*) em relação ao *gene DMPK*

4. 2Previsão

As repetições DM1 têm tendência para aumentar a gravidade da doença em gerações sucessivas; este fenómeno é designado por antecipação **(Quadros 4 e 5)**. Embora a antecipação ocorra tipicamente na transmissão materna da doença A doença pode ser transmitida por via paterna, mas a antecipação com transmissão paterna também é possível (Harper, 2001; Moxley *et al.*, 2008). As famílias com distrofia miotónica revelaram diferenças intergeracionais claras, com antecipação e uma correlação estreita entre o fenótipo e a idade de início da doença (Howeler, 1986). Reconhecer o imprinting genómico como um possível mecanismo para as diferenças intergeracionais,

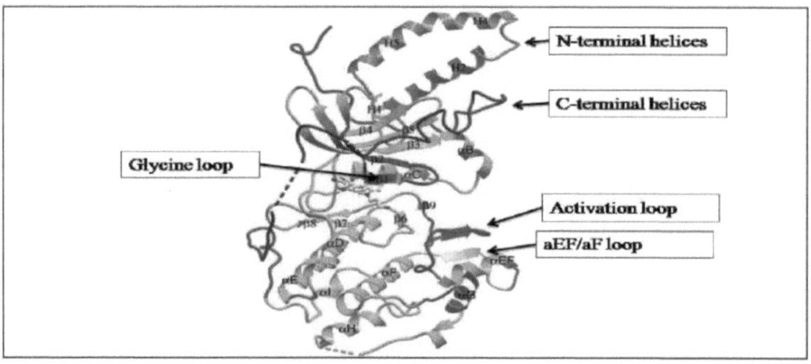

Figura 2: Disposição do domínio da proteína DMPK.

particularmente para aqueles que mostram um efeito dependente do sexo do progenitor transmissor (Clark, 1990; Hall, 1990). Até à data, a metilação no locus da distrofia miotónica não foi estudada, e a mudança progressiva e aparentemente irreversível entre gerações, quando transmitida por ambos os sexos, não pode ser totalmente explicada pelo imprinting (Harper *et al.*, 1992). Uma pequena expansão na gama de 50-80 repetições é chamada protomutação e os indivíduos são assintomáticos ou apenas ligeiramente afectados, mas têm a capacidade de passar o gene para a geração seguinte. O intervalo de 3549 repetições é chamado de pré-mutação e, devido a essas repetições, não há limite entre alelos normais (estáveis) e doentes (instáveis). As pré-mutações são o ponto de partida para o desenvolvimento de protomutações e mutações completas. Se um dos pais for afetado, os irmãos têm um grau de gravidade com

(comparação irmão-pai), os irmãos com o alelo maior apresentam um início precoce da idade (correlação irmão-irmão) (Hunter et al., 1992; Harley et al., 1993).

4.3 Aconselhamento genético e transmissão parental

4.3.1 Caraterísticas clínicas da doença

Quatro tipos diferentes de doença - (1) ligeira, (2) clássica, (3) congénita e (4) DM1 juvenil - são diferenciados com base na idade de início e nos sintomas predominantes.

(1) DM1 ligeira

As pessoas com DM1 ligeira têm cataratas e miotonia ligeira. Levam uma vida ativa com uma esperança de vida normal ou minimamente reduzida (Arsenault *et al.*, 2006). As recorrências de CTG variam de 50-150 neste grupo **(Tabela 6 e Figura 3)**.

Quadro 5: Caraterísticas da distrofia miotónica tipo 1 (DM1)

Characteristics	DM1
Gene Location	Chromosome 19q13.3
Gene Mutated	*DMPK* (Dystrophia Myotonica Protein Kinase)
Mutation	$(CTG)_n$ repeats
Repeat length	3/5-35 CTG (Normal) 35-49 CTG (Asymptomatic) >50 CTG (Diseased)
Severity	Increases with successive generations (anticipation) and early age onset
Mode of inheritance	Autosomal Dominant (AD)
Haploinsufficiency	Mutated allele inhibit protein production and normal allele synthesis (50%)
Asymptomatic transmission	Parental transmission is unstable while maternal transmission is stable
Non molecular testing (Clinical and biochemical)	Electromyography (EMG), ECG, NCV, SCK, Muscle biopsy
Molecular genetic testing	PCR, TP-PCR and Southern Blotting
Disease characteristics	Mild (cataract and mild myotonia) Classical (muscle weakness and cardiac conduction) Congenital (hypotonia and respiratory insufficiency) Juvenile (behavioral and cognitive disturbances)

ECG: eletrocardiograma; NCV: velocidade de condução nervosa; SCK: creatina quinase sérica; TP-PCR: reação em cadeia da polimerase com primers triplos

(2) DM1 clássico

Os indivíduos com recorrências de CTG entre 100 e 1000 desenvolvem geralmente

DM1 com fraqueza e perda de massa muscular, miotonia, cataratas e anomalias da condução cardíaca. Embora ocorra tipicamente nos 20 e 30 anos (menos comum após os 40 anos), a DM1 clássica pode apresentar-se na infância quando São observados sinais subtis, como faces miotónicas e miotonia **(Tabela 6 e Figura 3).**

(3) DM1 congénita (CDM)

A terceira variante é congénita e está associada a hidrâmnios pré-natais, contratura articular e hipotonia grave à nascença **(Tabela 6 e Figura 3)**. Estes casos têm mais de 2000 repetições (De Temmerman *et al.,* 2004, Rakocevic-Stojanovic *et al.,* 2005), e o alelo doente é transmitido principalmente através da mãe, mas também foi observada a transmissão através do pai (Harper, 2001; Rakocevic-Stojanovic *et al.*, 2005; Martorell *et al.*, 2007; Dean *et al.*, 2006; Zeesman *et al.*, 2002). Alguns DM1 neonatais sofrem paragem respiratória, enquanto outros sobrevivem, mas têm problemas de desenvolvimento. Os bebés afectados têm um lábio superior em forma de V invertido (em forma de tenda ou de peixe). A deficiência intelectual está presente em 50-60% dos indivíduos com DM1 congénita. A causa da deficiência intelectual não é clara, mas a atrofia cerebral e a dilatação ventricular são frequentemente reconhecíveis à nascença. A deficiência intelectual pode resultar de uma combinação de insuficiência respiratória precoce e de um efeito direto da mutação DMPK no cérebro (Ekström *et al.*, 2009). Perturbação do espetro do autismo (Ekström *et al.*, 2008), perturbações do humor/ansiedade, perturbações da atenção e capacidades visuais-espaciais anormais (Douniol *et al.*, 2012) e astigmatismo (Ekström *et al.*, 2010) **(Tabela 6 e Figura 3).**

(4) DM1 juvenil (JMD)

(5)

Dificuldades cognitivas e comportamentais associadas à DM1 juvenil. Algumas pessoas com a forma juvenil têm dificuldades cognitivas no planeamento do futuro, na tomada de decisões e no processamento visuoespacial (Douniol *et al.*, 2012) **(Tabela 6 e Figura 3).**

Tabela 6: Correlação entre o fenótipo e o comprimento da repetição CTG na DM1

Phenotype	Clinical Signs	CTG Repeat Size [a,b]	Age of Onset	Average Age of Death
Asymptomatic (premutation)	None	35 to 49	NA[c]	NA[c]
Mild	Cataracts Mild myotonia	50 to ~150	20 to 70 yrs	60 yrs to normal life span
Classical	Weakness, Myotonia Cataracts, Balding Cardiac arrhythmia Others	~100 to ~1000	10 to 30 yrs	48 to 55 yrs
Congenital	Infantile hypotonia, Respiratory deficits, Intellectual disability	>2000[d]	From birth	45yrs[e]
Juvenile	Cognitive, behavioural difficulties, others	Variable	Before birth	-

S abe-se que os tamanhos das repetições CTG se sobrepõem entre fenótipos ; O tamanho normal das repetições CTG é de 5-34; NA (não aplicável); Redman *et al*, 1993; Não inclui mortes neonatais

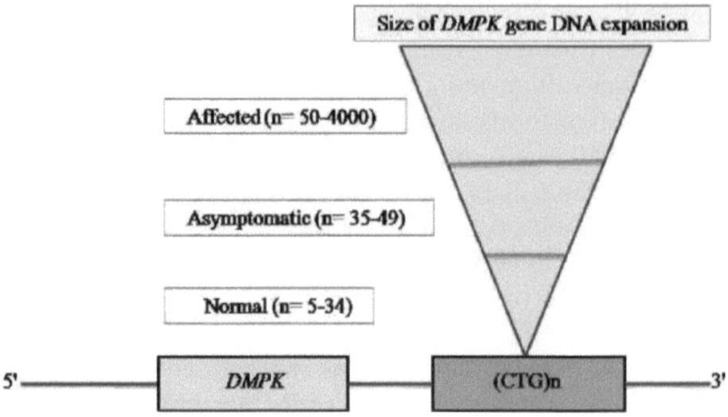

Figura 3: Diferenciação entre indivíduos afectados e normais por repetição de CTG. Os indivíduos normais, pré-termo (assintomáticos) e afectados têm 5-35 CTG, >35-49 CTG e 50-4000 repetições CTG, respetivamente.

4.3.2 Transmissão

A DM1 é herdada de forma autossómica dominante. A penetrância da doença é de quase 100% quando ocorrem todas as manifestações da doença (Moxley *et al.*, 2008). O sexo e o comprimento da repetição do progenitor transmissor são as principais influências no comprimento da repetição CTG na descendência. Os pais com uma pequena expansão de repetições (<100 repetições) têm uma maior probabilidade de uma expansão significativa (até 1000-1500 repetições) na sua descendência do que as mães com uma pequena repetição. Os pais com uma maior expansão de repetições têm tendência para reduzir a amplificação (resultando em menos de 1000 repetições na descendência), seleção negativa durante a espermatogénese. As mães com repetições mais curtas (<100 repetições) têm uma tendência para passar o gene na forma estável (de Die-Smulders et al., 1997). Praticamente todos os indivíduos com DM1 herdaram o seu alelo CTG expandido de um progenitor que também tem um alelo na gama anormal (>34 repetições CTG). Alguns indivíduos diagnosticados com DM1 têm um progenitor obviamente afetado, outros não. Os pais podem não parecer afectados porque não reconheceram os sintomas de DM1 ligeira, ou podem não ter sintomas e ter uma expansão anormal mas baixa de repetições CTG. Se ambos os pais de um caso índice forem assintomáticos, é adequado oferecer o teste genético molecular DMPK a ambos para efeitos de aconselhamento genético de outros membros da família. Neste caso, devem ser abordadas as questões de aconselhamento genético relevantes para o teste pré-sintomático. O risco para os irmãos de um probando depende do estatuto genético dos pais. Se um dos progenitores tiver um alelo DMPK expandido, o risco para cada irmão é de 50% **(Figura 4)**. Os descendentes de um indivíduo com um alelo mutante (>34 repetições CTG) têm 50% de hipóteses de herdar o alelo mutante (Das *et al.*, 2012).

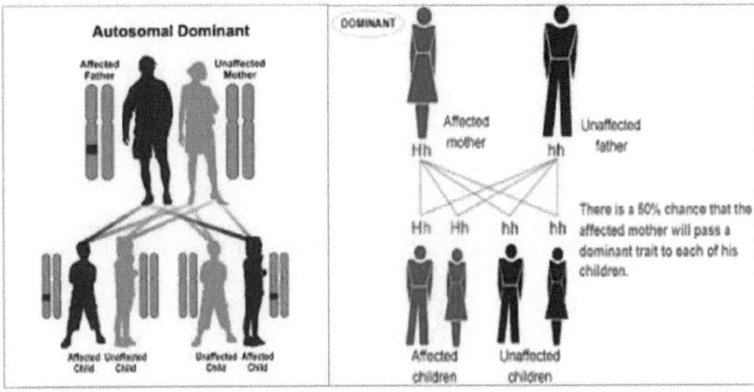

A B

Figura 4: Padrão de hereditariedade autossómica dominante na DM1. Metade dos indivíduos são afectados, quer o pai (A) quer a mãe (B) são afectados pela doença.

Embora a tendência geral da doença seja o alargamento da repetição CTG, a contração da mutação também é observada em alguns casos (Ashizawa *et al.*, 1992a; Ashizawa *et al.*, 1992b; Ashizawa *et al.*, 1994; Musova *et al.*, 2009; Harley *et al.*, 1993). A propagação e a gravidade da doença são observadas pela presença de repetições CTG no modelo principal e não no cordão retardatário (Iyer *et al.*, 1999; Kang *et al.*, 1995).

4.3. 3Planeamento familiar

Uma mãe com um determinado tamanho de repetição CTG terá um filho com um determinado tamanho de repetição CTG ou fenótipo, o que pode ser útil no aconselhamento do risco de recorrência (Redman et al, 1993; Martorell *et al,* 2007; Cobo *et al,* 1995). Os indivíduos com DM1 ligeira muitas vezes não sabem que têm DM1 e podem ser diagnosticados apenas durante a investigação de um membro da família mais gravemente afetado. Este é frequentemente o caso quando uma mãe assintomática com um tamanho de repetição CTG inferior a 100 dá à luz um bebé com DM1 congénita que tem um comprimento de repetição CTG de até milhares.

Os membros adultos assintomáticos da família com risco aumentado podem ser testados para tomarem decisões pessoais relativamente à reprodução, questões financeiras e planeamento de carreira (Smith *et al.*, 2004). O diagnóstico pré-natal (DPN) de gravidezes com um risco de 50% de DM1 é possível através da análise de ADN extraído de células fetais obtidas por amniocentese (às ~15-18 semanas de gestação) ou por colheita de vilosidades coriónicas (às ~10-12 semanas de gestação). A presença de um alelo DMPK expandido num membro da família afetado deve ser confirmada antes da realização de testes pré-natais (Martorell *et al.*, 2007). O diagnóstico genético pré-implantação (DGPI) é utilizado em famílias nas quais a mutação/variante patogénica causadora da doença foi identificada

(Kakourou *et al.*, 2008; Verpoest *et al.*, 2008; Verpoest *et al.*, 2010).

5. APRESENTAÇÃO CLÍNICA DA DOENÇA

O espetro da DM1 varia de ligeiro a grave. Existe uma sobreposição considerável entre as diferentes formas de DM1; por isso, deve ter-se cuidado ao prever a gravidade da doença com base no tamanho da repetição CTG (Gharehbaghi-Schnell *et al.*, 1998, International Myotonic Dystrophy Consortium, 2000; Harper, 2001, Moxley *et al.*, 2008). As causas de morte mais comuns são pneumonia/insuficiência respiratória, doença cardiovascular, morte súbita/arritmias e neoplasias. Raramente, mas após várias décadas de doença, os doentes com DM1 ficam confinados a uma cadeira de rodas (de Die-Smulders *et al.*, 1998). A DM1 afecta a maioria dos órgãos/sistemas do corpo, mas especialmente o sistema respiratório, o equilíbrio hormonal, os órgãos reprodutores, o sistema cardiovascular e o sistema visual **(Figura 5)**.

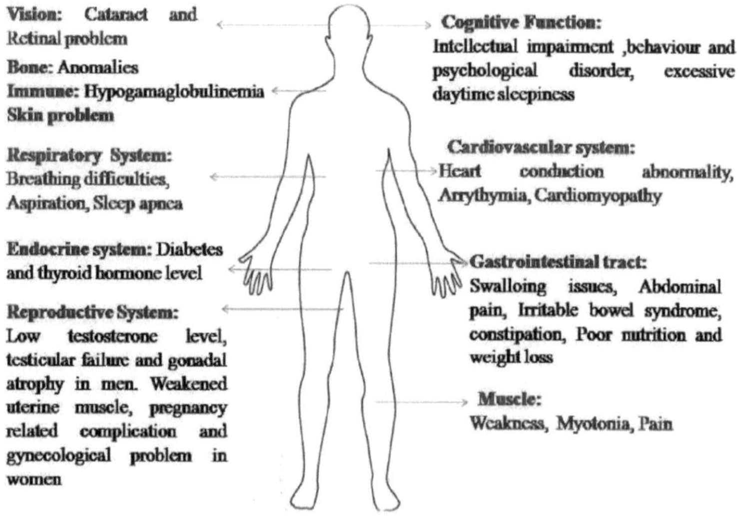

Figura 5: Ilustração dos órgãos/sintomas afectados na DM1

A descrição clínica dos órgãos/sistemas do corpo afectados é a seguinte

5. 1Músculo

Nos doentes com DM1 clássico, o sintoma predominante é a fraqueza muscular distal, a queda do pé/perturbação da marcha, a fadiga (Kalkman *et al.*, 2005) e a dificuldade em realizar tarefas. A face típica é causada principalmente pela fraqueza dos músculos faciais e do elevador da pálpebra. A miotonia interfere com as actividades diárias, como a utilização de ferramentas, electrodomésticos ou puxadores de portas. A miotonia da preensão manual e a perturbação da fala melhoram com contracções repetidas (fenómeno de aquecimento) (Logigian *et al.*, 2005; de Swart *et al.*, 2004).

5. 2Anomalias cardíacas

Doença cardíaca (cardiomiopatia), complicações conhecidas de diferentes graus/gravidade na DM1, em que ocorrem frequentemente perturbações da condução e taquiarritmias. Piora a função do músculo cardíaco. Os indivíduos com cardiomiopatia estão frequentemente em risco de arritmias cardíacas ou morte súbita cardíaca ou ambas (Mathieu *et al.*, 1999; Sovari *et al.*, 2007). A deficiência A função da proteína DMPK leva a um metabolismo celular anormal, que pode causar danos celulares e alterar o fluxo de iões através da membrana celular, aumentando a propensão para arritmias e fibrose devido a danos celulares que levam a anomalias de condução **(Figura 6)**. Menos frequentemente, podem ocorrer cardiomiopatias (Sovari *et al.*, 2007, Breton *et al.*, 2009, Mörner *et al.*, 2010, Petri *et al.*, 2012, Turkbey *et al.*, 2012).

A cardiomiopatia hipertrófica (HCM ou HOCM), a cardiomiopatia de diálise (DCM), a cardiomiopatia arritmogénica do ventrículo direito (ARVC), a miopatia mitocondrial e a cardiomiopatia restritiva (RCM) são vários tipos comuns de cardiomiopatia (Elliott *et al.*, 2008). Existe uma correlação entre a cardiomiopatia e o distúrbio de expansão de repetições triplas (Korade-Mirnics *et al.*, 1998). Os problemas cardíacos mais comuns na DM1 estão listados na Tabela 7.

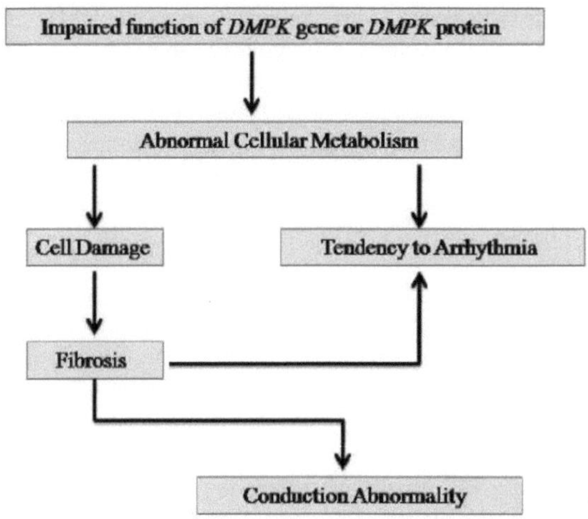

Figura 6: Fluxograma de possíveis causas de distúrbios de condução e ritmo no DM1

Tabela 7: Envolvimento do coração na DM1

Conduction system	Atrioventricular block (any degree)
Arrhythmias	Supreventricular atrial premature complexes, atrial tachycardia, atrial flutter, atrial fibrillation
Ventricular function	Ventricular ventricular premature complexes, ventricular tachycardia, ventricular fibrillation
Ischemic heart disease	
Mitral valve prolapse	

5. 3Gastrintestinal

O músculo liso provoca disfasia, obstipação ou problemas digestivos (dispepsia), pseudo-obstrução intestinal e diarreia (Bellini *et al.*, 2006; Ercolin *et al.*, 2013). Os cálculos biliares ocorrem como resultado do aumento do tónus do esfíncter da vesícula biliar e os testes de função hepática (como as transaminases) estão frequentemente elevados (Heatwole *et al.*, 2006).

5. 4Nervo

A neuropatia periférica aumenta o grau de fraqueza, mas é bastante rara (Bae *et al.*, 2008; Peric *et al.*, 2013).

5. 5Visão

A formação de cataratas ocorre precocemente na DM1. Têm um aspeto caraterístico de "árvore de Natal" multicolorida ao exame com lâmpada de fenda. Alguns indivíduos afectados apresentam oftalmoplegia.

5. 6Endocrinologia

As endocrinopatias incluem hiperinsulinismo, disfunção da tiroide, diabetes mellitus, desregulação do cálcio, atrofia testicular, anomalias na secreção da hormona do crescimento e infertilidade (Garcia de Andoin *et al.*, 2005, Matsumura *et al.*, 2009; Orngreen *et al.*, 2012).

Pele

Pilomatrixomas e epiteliomas podem ocorrer, mas podem ser confundidos com quistos sebáceos (Geh *et al.*, 1999, Cigliano *et al.*, 2005).

Anomalias cognitivas e do SNC

Alguns indivíduos apresentam défices intelectuais ligeiros. O declínio cognitivo relacionado com a idade foi observado em alguns adultos (Sansone *et al.*, 2007, Modoni *et al.*, 2008), e também foram observados défices nos lobos frontal e parietal (Sistiaga *et al.*, 2010). A ansiedade e a depressão são frequentemente observadas, e a qualidade de vida geral é gravemente afetada (Antonini *et al.*, 2006). A ressonância magnética do cérebro mostra uma atrofia cortical ligeira e anomalias da substância branca. As alterações na substância branca são difusas e extensas (Minnerop *et al.*, 2011; Wozniak *et al.*, 2013).

Hipersónia

A hipersónia e a apneia do sono são outras manifestações reconhecidas que ocorrem mais tarde (Rubinsztein *et al.*, 1998; Laberge *et al.*, 2009). A sonolência diurna excessiva é frequentemente causada por uma perturbação central da regulação do sono (Dauvilliers *et al.*, 2012; Pincherle *et al.*, 2012).

Insuficiência respiratória (IR)

A fraqueza/miotonia do diafragma das vias respiratórias e a redução da suscetibilidade à aspiração aumentam o risco, normalmente em pessoas nas fases avançadas da doença (Roses, 1997).

Gravidez

As mulheres com DM1 correm um risco elevado durante a gravidez, incluindo aborto espontâneo, trabalho de parto prematuro, trabalho de parto prolongado, retenção de placenta e hemorragia pós-parto (Zaki *et al.*, 2007; Argov *et al.*, 2009). Nos casos de DCM (congénita), o feto tem movimentos fetais reduzidos e polihidrâmnios.

6. CORRELAÇÃO GENÓTIPO-FENÓTIPO

Tanto a idade precoce de início da doença como a menor taxa de sobrevivência (elevada gravidade da doença) estão correlacionadas com expansões de repetições CTG maiores (Brook *et al.*, 1992; Mahadevan *et al.*, 1992; Groh *et al.*, 2011; Logigian *et al.*, 2004) **(Tabela 6 e Figura 3)**. As repetições pequenas mas anormais (50-99) estão frequentemente associadas a um fenótipo ligeiro ou assintomático (Arsenault *et al.*, 2006). O comprimento da repetição do tripleto DMPK-CTG é mitoticamente instável em indivíduos com DM1. Esta instabilidade conduz frequentemente a mosaicismo somático em relação ao tamanho da expansão CTG, razão pela qual pode não ser possível estabelecer uma correlação entre o tamanho da repetição CTG observado num tecido e a gravidade da doença (Moxley *et al.*, 2008).

7. PATOGÉNESE MOLECULAR DA DOENÇA

Um gene DMPK anormal (mutado) (*mDMPK*) altera a função normal do gene DMPK através das seguintes alterações:

7.1 Mutação com perda de função

$^{+}$*A DMPK* fosforila os canais de Na dependentes de voltagem específicos do músculo e regula a excitabilidade das células musculares (Chahine *et al.*, 1997). Os doentes com DM1 são heterozigóticos para a mutação de expansão. A perda de produção de proteínas pelo alelo mutante deve-se ao facto de as repetições CTG expandidas na 3′-UTR prejudicarem a síntese de mRNA e/ou de proteínas (Botta *et al.*, 2008; Usdin *et al.*, 2008).

7.2 Interrupção de genes vizinhos

As repetições CTG expandidas perturbam a configuração da cromatina local, afectando a expressão tanto do *gene DMPK* como dos genes vizinhos *DMAHP/SIX5*, *DMWD* e *MBNL1* (Frisch *et al.*, 2001). O aumento do número de repetições CTG no 3′-UTR do gene DMPK prejudica a transcrição do gene vizinho DMAHP, mascarando o seu potenciador, que está localizado perto da ilha CTG (Klesert *et al.*, 1997). Por conseguinte, as expansões de repetições CTG podem

suprimir a expressão de genes locais e *o DMAHP* pode desempenhar um papel na manifestação da DM1 (Klesert *et al.*, 1997). Se não houver mais alterações na expressão genética local acima de um determinado limiar de repetições, isso pode não afetar a
Fenótipo da DM1. A deficiência ou redução da transcrição de DMAHP desempenha um papel importante na etiologia da DM1, tal como a formação de cataratas (Klesert *et al.*, 2000).

7.3 Defeitos no metabolismo do ARN

Na célula normal, o ARN transcrito e processado no núcleo é transportado para o citoplasma onde é ligado por proteínas específicas de ligação ao ARN (CUG-BP ou CELF1) e depois traduzido na proteína cinase da DM (*DMPK*). Nos doentes com DM1 afectados **(Figura 7)**, as transcrições do alelo mutante DMPK e do alelo normal são retidas no núcleo porque o número expandido de repetições CUG se liga e sequestra as proteínas de transporte do ARNm (CUGBP1). Os transcritos DMPK com um longo trato (CUG)n formam estruturas do tipo hairpin (Tishkoff *et al.*, 1997), e observam-se agregados de ARN DMPK nos focos ribonucleares no núcleo, e algum do ARNm com repetições expandidas é também transportado para o citoplasma. O mecanismo do efeito tóxico destes ARNs não é claramente compreendido. O número alargado de repetições CTG prejudica a expressão de genes vizinhos (haploinsuficiência). A concentração de ARNm *de DMAHP* em fibroblastos e mioblastos de doentes com DM1 é significativamente mais baixa do que em células de controlo normais (Fu et al., 1993; Thornton et al., 1997; Klesert et al., 1997). A repetição nuclear CUGn agrega e sequestra a proteína MBNL1 (Mankodi *et al.*, 2001; Miller *et al.*, 2000). Este é provavelmente o mecanismo do efeito fenotípico, uma vez que os ratinhos knock-out homozigóticos para MBNL1 apresentam miotonia e outros sintomas de DM1 (Kanadia *et al.*, 2003). O outro evento celular é o aumento de CUGBP1.

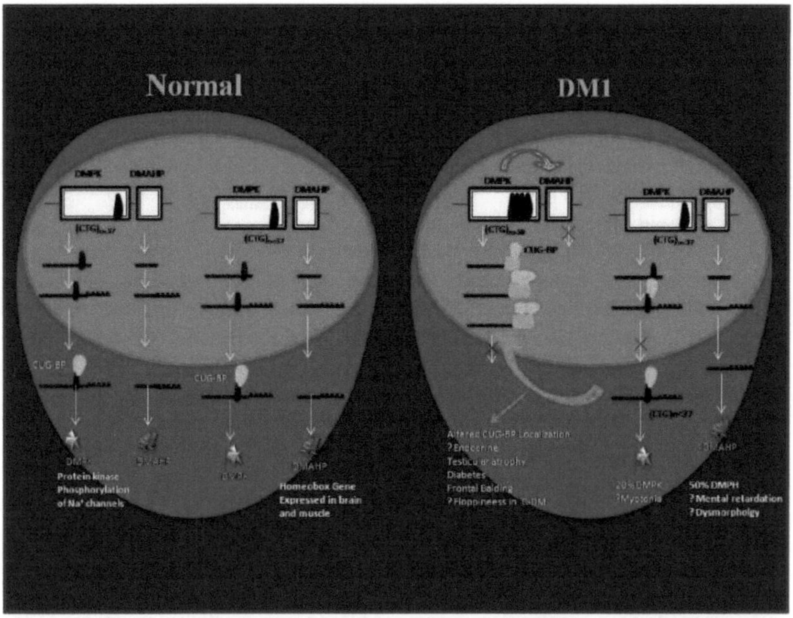

Figura 7: Ilustração do processamento dos genes DMPK e DMAHP/SIX5 em células normais e DM1. Nas células normais, ambos os genes DMPK são transcritos e os ARNs são processados no núcleo e transportados para o citoplasma onde são ligados por proteínas específicas de ligação ao ARN (CUG-BP) e depois traduzidos em *DMPK.* Nas células DM1, o gene DMPK é transcrito tanto por alelos normais como por alelos mutantes, mas os transcritos são em grande parte retidos no núcleo. O aumento do número de repetições CTG na 3′ UTR do gene DMPK também prejudica a transcrição do gene vizinho DMAHP, resultando em níveis mais baixos de transcrição e proteína DMAHP. Por conseguinte, nos doentes não é produzida qualquer proteína DMPK funcional.

Por conseguinte, ambos os factores, a redução de MBNL1 e o aumento de CUGBP1 nas células DM1 como resultado de agregados de ARN, são provavelmente responsáveis pelo fenótipo DM1. Tanto o MBNL1 como o CUGBP1 regulam o splicing dos mesmos mRNAs [canal de cloreto 1 (CCLN1), recetor de insulina, troponina T), ligando-se a diferentes locais (Lamusi *et al.,* 2008). A alteração do splicing de RNAs que afectam outras proteínas explica a natureza multissistémica da manifestação da doença. A MBNL1 e a CUGBP1 também têm várias funções importantes, como o splicing, a tradução de proteínas e o ARN, e a sua desregulação altera o splicing de outros ARNs e contribui para as manifestações da doença (Miller *et al.,* 2000; Timchenko *et al.,* 2001). Este facto sugere que os seus mecanismos podem ser independentes uns dos outros (Ho *et al.,* 2005). Um aumento de CUGBP1 leva à degeneração no modelo de Drosophila (de Haro *et al.,* 2006). Este facto sugere que as estratégias terapêuticas ao nível do MBNL1 e do CUGBP1 podem ser eficazes no tratamento da DM1 (de Haro *et al.*, 2006). Assim, a alteração do metabolismo do ARN dos transcritos de ARN da DMPK mutante (*mDMPK*) e normal leva à deficiência da proteína DMPK, à fosforilação de proteínas e ao aparecimento de sintomas como a miotonia. Em quase todos os casos de fosforregulação, a proteína alterna entre uma forma fosforilada e uma forma não fosforilada, sendo uma forma ativa e a outra inativa.

7.4 Stress oxidativo e distrofia miotónica

O stress oxidativo é a base fundamental de muitas das alterações estruturais, funcionais e bioquímicas e a principal caraterística das distrofias musculares hereditárias em animais e humanos. A presença de subprodutos do dano oxidativo e o aumento compensatório dos antioxidantes celulares indicam que o stress oxidativo ocorre nos músculos distróficos. O stress oxidativo está envolvido na progressão da DM1 (Ihara *et al.*, 1995, Usuki *et al.*, 1998, Usuki *et al.*, 2000; Toscano *et al.*, 2005; Kumar *et al.*, 2014). Níveis elevados de espécies reactivas de oxigénio (ROS)/radicais livres e peróxidos lipídicos, bem como níveis reduzidos de antioxidantes, desempenham um papel importante na patogénese da DM1 (Ihara *et al.*, 1995; Tietze, 1969).

7.4.1 Marcador de stress oxidativo

Nos organismos vivos, existe um equilíbrio complexo entre a produção e a destruição de espécies reactivas de oxigénio (ROS). O excesso de ERO reage com uma variedade de biomoléculas, como o ADN (Marnett, 2000), os lípidos (Ylä-Herttuala, 1999) e as proteínas (Stadtman, 2000). O excesso de ROS danifica a estrutura celular e está envolvido no processo de envelhecimento (Cadenas et al; 2000; Finkel *et al.*, 2000). O envelhecimento prematuro contribui para a progressão da DM1 (Ihara *et al.*, 1995). Existem várias enzimas que desempenham um papel crucial na eliminação do excesso de ROS no organismo vivo. Os biomarcadores de danos oxidativos incluem a glutationa reduzida (GSH), a glutationa S-transferase (GST), a glutationa peroxidase (GPx), a catalase e a superóxido dismutase (SOD), o malonialdeído (MDA) e o estado antioxidante total (TAS). Entre elas, a superóxido dismutase (SOD), a glutationa peroxidase (GPX), a glutationa S-transferase (GST) e o glutatião (GSH) são as enzimas mais importantes do sistema antioxidante celular **(Figura 8)**.

-A primeira enzima que demonstrou ter atividade metabolizadora dos ERO é a SOD, que catalisa a dismutação dos radicais peróxidos (O2) em peróxido de hidrogénio (H2O2) (McCord *et al.*, 1969). A GPX é uma selenoenzima que catalisa a degradação do H2O2 e de outros peróxidos (por exemplo, peróxidos lipídicos nas membranas celulares) utilizando glutatião reduzido (GSH) como substrato (Cotgreave *et al.*, 1992). A atividade da GST está envolvida na patogénese da DM1, uma vez que contém repetições polimórficas de trinucleótidos (Riggins *et al.*, 1992). A GST catalisa a reação de conjugação da GSH com uma variedade de metabolitos electrofílicos de xenobióticos (Armstrong *et al.*, 1997; van Bladeren, 2000). As GST humanas representam uma superfamília de enzimas grande e diversificada, com pelo menos 13 enzimas GST pertencentes a cinco famílias

diferentes: mu, theta, alpha, pi e gamma. GSTM1 & GSTM3, GSTT1 e GSTP1 pertencem às categorias enzimáticas GSTmu, GSTtheta e GSTpi, respetivamente. As GST são enzimas de desintoxicação de fase II que catalisam uma variedade de reacções que dependem do glutatião reduzido, com
substratos electrofílicos, incluindo metabolitos activos de carcinogéneos (Hayes *et al.*, 1995). Em particular, as GSTM1, GSTM3, GSTP1 e GSTT1 estão envolvidas na desintoxicação de metabolitos activos de vários carcinogéneos potenciais, como o benzo(a)pireno e outros hidrocarbonetos aromáticos policíclicos, monohalometanos e óxido de etileno (Hayes *et al.*, 1995; Inskip *et al.*, 1995; Aliosman *et al.*, 1997). Desempenha também um papel importante na proteção das células contra danos e na desintoxicação de vários compostos xenobióticos (Hayes *et al.*, 1995; Strange *et al.*, 2000). Este facto realça a necessidade de investigar a relação entre o polimorfismo da GST e o risco de DM1 na população.

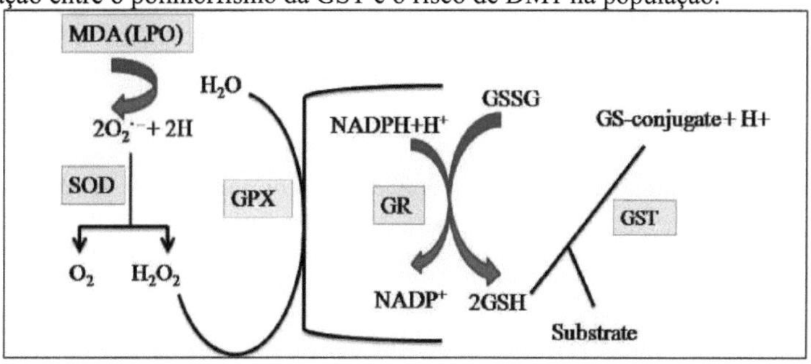

Figura 8: Resumo esquemático do mini-sistema de antioxidação, desintoxicação e reparação. O MDA aumenta a concentração de espécies reactivas de oxigénio e de peróxido. Dois aniões superóxido são reduzidos pela SOD a oxigénio molecular e peróxido de hidrogénio (H2O2), depois o H2O2 é reduzido pela GPX oxidando duas moléculas de glutatião (GSH), produzindo dissulfureto de glutatião (GSSG), que é subsequentemente reduzido pela GR consumindo NADPH. A GST catalisa a conjugação do glutatião com outras biomoléculas (Kumar *et al.*, 2014).

7.5 Metilação e DM1

A relação entre a semiologia da doença e a metilação dos locais CpG no locus DM1 foi investigada pela primeira vez por Shaw *et al.* (1993),
e não encontraram correlação entre metilação e idade de início ou gravidade da doença. Do mesmo modo, Spits *et al.* (2010) não encontraram correlação entre o aumento da metilação de sítios CpG e o tamanho da expansão CTG ou a gravidade da doença na DM1. No entanto, Steinbach *et al.* (1998) verificaram que vários locais CpG perto da repetição CTG estavam totalmente metilados em amostras de sangue com expansões de repetições triplas superiores a 1000 repetições. Foi sugerido que a metilação da CpG desempenha um papel na estabilidade das sequências repetitivas em geral (Gourdon *et al.*, 1997) e, em particular, no comportamento da repetição CTG no locus DM1 e na patogénese da doença (*Filippovaet al.*, 2001).

8. DIAGNÓSTICO

O diagnóstico da distrofia miotónica tipo 1, que provavelmente tem sintomas clínicos semelhantes aos da ataxia espinocerebelosa e da ataxia de Friedreich, é difícil no contexto clínico. A deteção da expansão da DM1 é complicada pelo comprimento variável dos alelos expandidos (vários milhares de repetições), como também é observado na DM2 (Radvansky *et al.*, 2011a).

8.1 Diagnóstico clínico

Com base nos sintomas clínicos e na gravidade, recomenda-se a utilização de um centro clínico adequado para a DM1. No passado, foram utilizados testes não moleculares para diagnosticar a DM1, mas na prática atual dificilmente desempenham um papel no diagnóstico. Os doentes com DM1 são diagnosticados com base na pontuação da gravidade clínica (SSS: Sum of severity scoring), na escala de avaliação da incapacidade muscular (MDRS/MIRS) e nos parâmetros dos testes clínicos adequados.

8.1.1 . Classificação da gravidade clínica e MDRS

Foi utilizado um sistema de pontuação para avaliar a gravidade das caraterísticas clínicas anómalas. A escala de classificação previa de 0 (mínimo) a 70 (máximo) pontos (Devi *et al.*, 1998) **(Tabela 8)**. Uma pontuação de 70 indica doença grave. No cenário indiano, as pontuações clínicas variavam entre 8 e 39, indicando doença ligeira a moderada.

Gravidade da doença. A MDRS mede o grau de comprometimento muscular. A MDRS baseia-se numa escala de cinco pontos (Mathieu *et al.*, 1992).

Quadro 8: Avaliação e categorização da gravidade da doença

S.N.	Parameters	Score
1	Myotonia in eyelids	2
	Masseter-temporalis tongue	1
	Proximal and distal muscles of upper and lower limb	4
	Total score	7
2	Wasting in muscles of face	1
	Neck	1
	Proximal, distal muscles of upper and lower limbs	4
	Total score	6
3	Mild or moderate proximal weakness	1
	Minimal signs of weakness	2
	Distal weakness	2
	No clinical muscular impairment	3
	Severe proximal weakness	5
4	Abnormal glucose	1
	Abnormal glucose with diabetes	2
	Diabetic complication	3
5	Abnormal ECG and Echo without cardiac symptoms	2
	Mild cardic symptoms	4
	Severe cardiac symptoms	6
6	Mild dysphasia	2
	Nasal regurgitation	4
	Tube feeding	6
7	Minimal help for activities of daily living	2
	Dependent	4
	Chair bound	6
8	Recurrent cough	2
	Recurrent aspiration	4
	Bronchiectasis	6

9	Mild testicular atrophy	2
	Testicular atrophy with impotence	4
	Severe testicular atrophy with no children	6
10	Normal CK level (25-192 U/L)	0
	192-500 units	1
	501-1000	2
	more than 1000	3
11	Abnormal nerve conduction	1
12	Distal myopathic EMG	1
	Proximal and distal muscles EMG	2
13	MDRS grading	
	Grade 1- Represent no clinical muscular impairment	
	Grade 2- Minimal signs of weakness	
	Grade 3- Distal weakness	
	Grade4- Mild or moderate proximal weakness	
	Grade 5- Severe proximal weakness	

8.1. 2Exame físico

Na maioria dos casos, as doentes referem dores abdominais recorrentes, obstipação e complicações durante o parto. Os indivíduos afectados têm uma aparência facial caraterística, caracterizada por um rosto comprido e uma testa calva. O padrão de envolvimento muscular e a perda de massa muscular (músculos da face, pescoço, antebraços e pernas) também podem ser utilizados para o diagnóstico. Nos doentes com DM1, observam-se contracções rápidas seguidas de um relaxamento tardio dos músculos.

8.1. 3Avaliação electrofisiológica

8.1.3.1Electromiografia (EMG)

A EMG é um procedimento de eletrodiagnóstico utilizado em medicina para avaliar e registar a atividade eléctrica gerada pelos músculos esqueléticos. Regista o potencial elétrico gerado pelas células musculares quando estas são activadas eléctrica ou neurologicamente. Os sinais podem ser analisados para efetuar uma avaliação médica.

Anomalias. Os doentes com DM1 têm miotonia EMG de vários graus (Streib *et al.,* 1983). Na EMG, é colocado um elétrodo de agulha no músculo de um indivíduo afetado, seguido do registo de descargas miotónicas, predominantemente nos músculos distais. As descargas EMG não são normalmente observadas na infância **(Tabela 5)**. 8.1.3.2 Eletrocardiograma

(ECG/EKG)
Na eletrocardiografia (ECG ou ECG), a atividade eléctrica do coração é registada durante um determinado período de tempo através de eléctrodos ligados ao corpo do doente. Estes eléctrodos registam as pequenas alterações eléctricas na pele causadas pela despolarização do músculo cardíaco em cada batimento cardíaco. O sistema His-Purkinje, que conduz os sinais eléctricos do nódulo AV através dos ramos do feixe para as fibras de Purkinje responsáveis pela contração do ventrículo, está comprometido na DM1. O registo da atividade eléctrica do coração sob a forma de várias ondas (P - despolarização auricular, QRS - despolarização rápida dos ventrículos, onda T - repolarização dos ventrículos) é frequentemente utilizado para diagnosticar arritmias cardíacas e lesões do miocárdio. O intervalo PR prolongado e a duração do QRS indicam flutter ou fibrilhação auricular paroxística. Alterações histológicas no HV (feixe de His para o ventrículo) também indicam atrasos/perturbações de condução em pacientes com DM1 (Phillips *et al.*, 1996; Nazarian *et al.*, 2011) **(Tabela 5)**.

8.1.1.1 Eletroencefalografia (EEG) e ressonância magnética

A eletroencefalografia (EEG) é um método de monitorização electrofisiológica que permite registar a atividade eléctrica do cérebro. As anomalias do EEG são observadas em doentes com DM1 com défice cognitivo grave (Friedlander *et al.*, 1964; Lundervold *et al.*, 1969; Beijersbergen *et al.*, 1980). Os exames de ressonância magnética do cérebro mostram frequentemente atrofia cerebral (Miaux *et al.*, 1997), anomalias nos lobos temporais (Huber *et al.*, 1989), um predomínio da substância branca e lesões graves nos doentes (Minnerop *et al.*, 2011) **(Tabela 5)**.

8.1.1.2 Velocidade de condução nervosa (NCV)

O teste de velocidade de condução nervosa é usado para avaliar a função, particularmente a capacidade de conduzir eletricidade, dos nervos motores e sensoriais do corpo humano. Em pacientes com DM1, a VNC anormal está associada a alterações miopáticas (Bae *et al.*, 2008) **(Tabela 5)**.

8.1.4 Biópsia muscular

É efectuada uma biópsia muscular para determinar se a fraqueza muscular se deve a distrofia muscular ou a uma inflamação devida a uma exposição tóxica **(Quadro 5)**. As caraterísticas patológicas da biópsia muscular do doente incluem filas de núcleos internos (caixa auto-ótica), fibras em anel, massas sarcoplasmáticas, predominância de fibras do tipo I (fibras de comutação lenta) e atrofia, fibrose, infiltração gordurosa e um número aumentado de fibras musculares intrafusais (Thornton, 2002).

8.2 Diagnóstico bioquímico

Das três formas (I, II, III) de anidrase carbónica (CA) no tecido humano, encontra-se uma elevada concentração de CAIII nas fibras do tipo I do músculo esquelético. As fibras do tipo I têm uma baixa atividade da miosina ATPase e uma rede capilar muito densa. Do mesmo modo, a creatina quinase (CK) é abundante nas fibras musculares de tipo II (fibras oxidativas e glicolíticas rápidas) e estas fibras têm uma elevada atividade de miosina ATPase e uma rede capilar densa. Por conseguinte, uma anomalia do tipo I pode ser detectada de forma mais sensível quando se utiliza a CAIII em vez da CK. A CAIII aumenta com a gravidade da distrofia miotónica, enquanto a CK atinge um máximo aos 6 anos e diminui aos 11-13 anos (Ohta *et al.,* 1991). Quando os músculos são anormalmente degradados, libertam quantidades crescentes de creatina quinase para o sangue. Isto diminui os níveis de ATP nos músculos, levando a um atraso no relaxamento muscular observado em doentes com DM1 (ibmmyositis.com). A função cardíaca pode permitir a melhoria da função muscular esquelética, uma vez que partilham caraterísticas fisiológicas e bioenergéticas comuns. Na ausência de uma terapia existente para a doença muscular, a melhoria da função cardíaca pode ser conseguida através da administração oral de coenzima Q10 (CoQ10). A CoQ10 demonstrou ser eficaz em

animais transgénicos para a distrofia e pode ser investigada em seres humanos. A administração de H6CoQ4 e CoQ7 a crianças com distrofia pré-clínica e a monitorização dos níveis enzimáticos revelaram uma redução significativa da CK (Folkers *et al.,* 1985).

8.3 Diagnóstico molecular

Os testes moleculares da DM1 desempenham um papel crucial na caraterização dos indivíduos afectados e na orientação do pessoal clínico para uma terapia e tratamento adequados. Os métodos moleculares para a deteção de alelos normais e expandidos da distrofia miotónica incluem PCR-RFLP (PCR-restriction fragment length polymorphism) (Shaw *et al.,* 1985), PCR aninhado e fluorescente (Sermon *et al.,* 1997; Sermon *et al,* 1998), multiplex PCR e Southern blotting (SB) (Brook *et al.,* 1992; Sermon *et al.,* 2001; Goossens *et al.,* 2008; Spits *et al.,* 2006) e triplet primed PCR (TP-PCR) (Warner *et al.,* 1996) e foi introduzido um método de seleção para o rastreio de alelos expandidos no gene DMPK. O SB de ADN genómico ou o Southern blotting de produtos de PCR de longo alcance são utilizados há muitos anos (Goossens *et al.,* 2008; Sermon *et al.,* 2001). O SB requer uma quantidade considerável de ADN de alta qualidade, tem um longo tempo de execução no laboratório, é relativamente caro e é uma técnica perigosa devido à utilização de radioisótopos (Khajavi *et al.,* 2001). Os testes baseados em TP-PCR demonstraram ser um procedimento fiável, rápido e robótico e um substituto do SB (Addis *et al.,* 2012; Khajavi *et al.,* 2001; Warner *et al.,* 1996). No entanto, o melhor protocolo seria efetuar PCR para o rastreio inicial, seguido de TP-PCR e Southern blots para confirmar os alelos expandidos.

9. TERAPIA E GESTÃO

Não existe um tratamento específico para a fraqueza progressiva nas pessoas com DM1, embora seja necessária uma gestão ativa dos doentes. Os conceitos gerais para os objectivos e estratégias terapêuticas estão ilustrados nas Figuras 9 e 10. A fase mais precoce da fisiopatologia aberrante é frequentemente a melhor

Esta é uma abordagem difícil e tecnicamente desafiadora, embora tenha o potencial para o maior benefício terapêutico, uma vez que todos os efeitos a jusante são alterados. A abordagem das anomalias de splicing nos mRNAs dos canais de cloreto em pacientes com DM1 pode ser mais viável do que a abordagem das expansões de repetições de DNA. No entanto, o efeito resultante estaria apenas relacionado com a miotonia do músculo esquelético, e outras complicações sistémicas continuariam presentes. Assim, uma terapia ideal teria de atingir um equilíbrio pragmático que permitisse um benefício significativo, uma abordagem técnica relativamente simples e um impacto mínimo em mecanismos celulares não relacionados.

Teoricamente e na prática, cada um dos passos anormais na patogénese da DM1 pode ser modificado por intervenções (**Figura 9 e 10**). Até à data, existem várias abordagens terapêuticas para a DM1 que não se baseiam na alteração da doença (terapêutica sistémica), mas que visam exclusivamente o controlo dos sintomas.

Os doentes com DM1 têm basicamente diferentes problemas: (a) miotonia, (b) fraqueza muscular, (c) manifestações sistémicas como cataratas, diabetes mellitus, arritmias cardíacas e outras. Embora não existam agentes terapêuticos disponíveis para prevenir/parar a patogénese da DM1, o tratamento ativo das manifestações sistémicas (Tabela 9) pode aumentar a esperança de vida dos doentes.

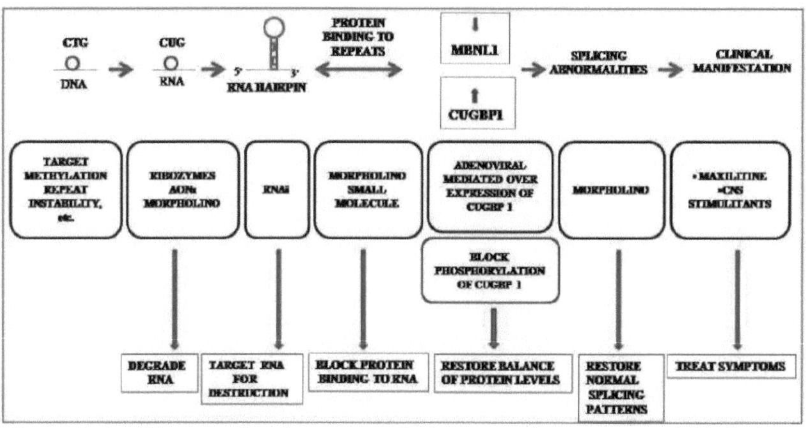

Figura 9: As diferentes abordagens terapêuticas para ultrapassar a toxicidade do ARN associada a anomalias de spilicing.

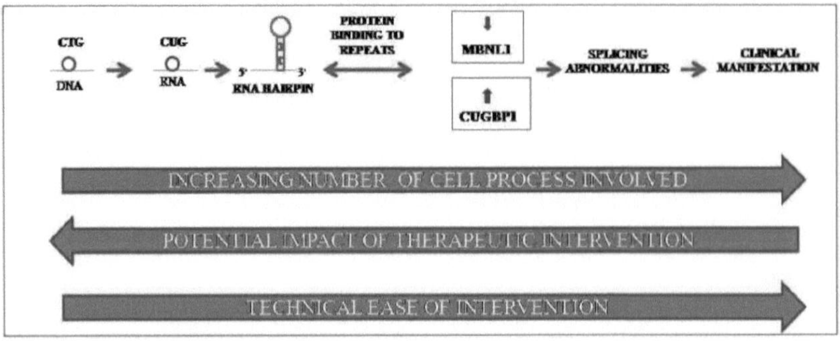

Figura 10: Abordagem concetual para o desenvolvimento de terapêuticas.

Tabela 9: Tratamento sintomático (Tx) para DM1

Tx for myotonia	**Tx for muscle weakness**	**Tx for systemic manifestations**
ACTH Corticosteroid (cortisone, prednisone) Procaine amide Mexiletine Phenytoin	No effective medicine available. Trials with Creatine and DHEAS: some improvement	(1)Cataract: operation and implanting artificial lens (2)Cardiac arrhythmia: cardiac pacemaker as needed and Coenzyme Q10 (3)Respiratory problem
Carbamazepine Dehydroepiandrosterone sulfate (DHEAS) Dexamethasone Nifedipine		therapeutics: modafinil (200–400mg/day) and dexamphetamine or methylphenidate are used (4)Diabetes mellitus: metaformin and Troglitazone (5)Hypothyroidism: thyroxine (6)Hypogonadism: hormonal replacement (not usually done) (7)Gastrointestinal: Cholestyramine, Norfloxacin and erythromycin

Os factores, medicamentos, etc. que melhoram os vários sintomas da DM1 estão listados abaixo:

9.1Tratamento da miotonia

A DM1 pode estar associada a baixos níveis circulantes de dehidroepiandrosterona (DHEA) (Carter *et al.*, 1985; Nakazora *et al.*, 2005). O sulfato de dehidroepiandrosterona (DHEAS) (Sugino *et al.*, 1998) e a nifedipina (Grant *et al.*, 1987) têm sido utilizados para controlar a miotonia na DM1. Uma determinada dose de DHEAS reduziu a miotonia e melhorou as actividades da vida diária (ADL) (Sugino *et al.*, 1998). O DHEAS não reduz a força muscular tanto quanto outros medicamentos (como a mexiletina) que foram usados no passado para tratar a miotonia e as ADL. Previne a citotoxicidade do ARN tóxico com repetições CUG expandidas numa linha celular neuronal (Furuya *et al.*, 2005).

A miotonia na DM1 é normalmente ligeira a moderada e raramente requer tratamento (Ricker et al., 1999). Fármacos como bloqueadores dos canais de sódio (fenitoína, procainmida), antidepressivos tricíclicos, benzodiazepinas, antagonistas do cálcio, taurina, prednisolona, clomipramina (Trip et al., 2007), mexilite, nifedipina, carbamazepina (Logigian *et al.*, 2010), ACTH (que provoca o movimento de

potássio da célula muscular durante a contração), e os corticosteróides (cortisona, prednisona) têm um efeito significativo na miotonia (Leyburn *et al.*, 1959; Munsat, 1967) **(Tabela 9)**, mas estes e alguns outros medicamentos não mostraram efeitos benéficos na fraqueza progressiva. Na DM1, os esteróides só podem melhorar a miotonia devido às suas propriedades estabilizadoras da membrana. No entanto, os esteróides só devem ser utilizados a curto prazo, especialmente se a deglutição e a respiração estiverem gravemente comprometidas. A dexametasona em doses elevadas conduziu a uma melhoria significativa da fraqueza e da miotonia em doentes com DM1 (Leyburn *et al.*, 1959; Munsat, 1967).

9.1 Terapêutica para melhorar a força muscular

O monohidrato de creatina (CrM) alivia os sintomas da distrofia muscular e, em combinação com corticosteróides, reduz significativamente a extensão da atrofia associada à progressão desta doença debilitante. A terapia com CrM foi administrada num ensaio aberto a 20 doentes japoneses com distrofia muscular, incluindo 14 doentes com distrofia miotónica (DM1) (Matsumura *et al.*, 2004). Doze doentes registaram uma melhoria subjectiva da força muscular. A creatina tem efeitos secundários menores, incluindo sonolência excessiva, diarreia e suores. A fosfocreatina tem o potencial de tamponar as reservas intracelulares de ATP nas fibras musculares. Uma determinada dose de DHEA melhora a miotonia e a força muscular na DM1 (Sugino *et al.*, 1998) **(Tabela 9)**.

9.2 Tratamento das manifestações sistémicas

9.2.1 Tratamento das cataratas

A formação de cataratas ocorre precocemente na DM1, e a perda do gene *SIX5* é uma das possíveis causas da formação de cataratas em doentes com DM1 (Personius *et al.*, 2005). Na DM1, a contratura da capsulorhexis tende a ocorrer após a cirurgia da catarata e causa deterioração visual que ocorre vários meses após a cirurgia da catarata (Bensoussan *et al.,* 2004). Nestes casos, recomenda-se a cirurgia (Garrott *et al.,* 2004) **(Tabela 9)**.

9.2.2 *Terapêutica das arritmias cardíacas*

As taquiarritmias e os distúrbios de condução podem ser responsáveis por até 30% das mortes na DM1 (Mathieu *et al.,* 1999). Em arritmias fatais avançadas, pode ser necessário um exame eletrofisiológico invasivo do coração (Sovari *et al.,* 2007). Se o ECG indicar um intervalo PR prolongado, a medição do intervalo HV (atraso da condução infra-nodal; HV >70 ms) pode ajudar a decidir se é necessário implantar um pacemaker (PM) para evitar a morte súbita do doente (Motta *et al.,* 1979; Lazarus *et al.,* 2002; Wahbi *et al.,* 2012, Facenda-Lorenzo *et al.,* 2013). A MP protege o paciente das consequências clínicas da bradicardia profunda paroxística e facilita o diagnóstico e o tratamento das taquiarritmias paroxísticas frequentes (Lazarus *et al.,* 2002). Por outro lado, a administração oral de coenzima Q10 (CoQ10) melhora a força muscular e a função miocárdica afetada (Folkers *et al.,* 1985). Assim, a CoQ10 proporciona uma qualidade de vida segura e melhorada aos doentes com DM1 **(Tabela 9)**.

9.2.3 *Tratamento do sistema endócrino*

A distrofia miotónica caracteriza-se por resistência à insulina e hiperinsulinismo. O medicamento metaformina controla a hiperglicemia na DM1 porque aumenta de forma independente a captação de glucose dos músculos esqueléticos (Kouki *et al.,* 2005). Outro fármaco, a troglitazona, reduz a resistência à insulina e melhora a miotonia em doentes com DM1 (Kashiwagi *et al.,* 1999). A administração de fator de crescimento semelhante à insulina (IGF1) exógeno pode melhorar a força e a função muscular em doentes adultos com DM1 (Vlachopapadopoulou *et al.,* 1995) (devido ao seu efeito anabólico no músculo). O rinfabato de mecasermina (SomatoKine/IPLEX) é uma combinação de IGF1 recombinante e da proteína de ligação BP-3 (rhIGF-1/rhIGFBP-3). O IPLEX pode melhorar a insensibilidade à insulina e a função dos mioblastos DM1 (Furlin *et al.,* 1999; Winn *et al.,* 2003) e está atualmente a ser testado em várias doenças neurológicas. O aumento da fraqueza no DM1 tem sido associado tanto ao hipotiroidismo como a certos medicamentos para baixar o colesterol (estatinas), pelo que alguma força pode regressar quando

estes factores causais são eliminados. Os homens e mulheres afectados com níveis baixos de testosterona ou de estrogénio e progesterona necessitam de terapia de substituição hormonal se forem sintomáticos **(Quadro 9)**.

9.2.4 *Tratamento da sonolência diurna excessiva*

A esperança de vida é reduzida na DM, e a morte deve-se principalmente a complicações respiratórias e arritmias cardíacas (Winblad *et al.,* 2010). Se o doente tiver um sono normal mas os sintomas persistirem apesar do tratamento dos distúrbios respiratórios do sono, podem ser utilizados estimulantes do SNC (modafinil, dexanfetamina ou metilfenidato) (MacDonald *et al,* 2002; Talbot *et al,* 2003; Wintzen *et al,* 2007; Damian *et al,* 2001).

O modafinil (Provigil) está aprovado para o tratamento da sonolência diurna excessiva associada à narcolepsia, dos distúrbios do sono associados ao trabalho por turnos e como tratamento adjuvante em doentes com síndrome de apneia obstrutiva do sono que apresentam sonolência diurna residual apesar do tratamento ótimo com pressão positiva contínua nas vias respiratórias. O modafinil melhora os índices de sonolência, mas geralmente não os normaliza, e em alguns narcolépticos pode ser menos eficaz do que outros estimulantes. A dose recomendada de modafinil para os doentes com narcolepsia ou apneia obstrutiva do sono (AOS) é de 200 mg por via oral, uma vez por dia, em dose única, de manhã. Doses até 400 mg/dia têm sido bem toleradas, mas não há provas consistentes de que esta dose proporcione qualquer benefício adicional para além da dose de 200 mg/dia. O modafinil é um medicamento eficaz e não apresenta complicações cardiovasculares (MacDonald *et al.*, 2002) **(Quadro 9)**.

9.2.5 *Terapêutica gastrointestinal*

A colestiramina melhora a diarreia, a incontinência e a dor na maioria dos doentes. A norfloxacina pode ser eficaz quando a colestiramina falha, tratando o crescimento bacteriano excessivo, e a eritromicina pode ajudar a retardar o esvaziamento gástrico, compensando-o
para níveis reduzidos de motilina em DM1 (Ronnblom *et al.*, 1996; Ronnblom *et al.*, 2002) **(Tabela 9)**.

9.3 Agente terapêutico para reduzir as repetições de CTG

9.3.1 Terapia genética através de tratamento molecular direcionado [moléculas ou oligonucleótidos anti-sentido (AON)]

O desenvolvimento de tratamentos moleculares direcionados (em particular a terapia anti-sentido) alcançou grande sucesso in vitro e em modelos animais. O Ribozyme (uma terapia de silenciamento pós-transcricional) medeia a destruição de inclusões ribonucleares nos mioblastos da distrofia miotónica, o que está associado a uma redução preferencial do mRNA da DMPK mutante (Marc-Andre' *et al.*, 1999), levando a uma inversão do fenótipo anormal nos mioblastos DM1 (Furling *et al.*, 2003). A sobre-expressão de MBNL1 causa uma inversão do missplicing do ARN e da miotonia na DM1 (Cooper, 2006; Kanadia *et al.*, 2006). As alterações no splicing do canal de cloreto 1 específico do músculo (ClCN-1) causam o fenótipo miotónico da DM1. O morfolino (AONs) reverte o splicing alterado do mRNA do ClCN-1 (Wheeler *et al.*, 2007). O morfolino tem uma sequência de bases complementares ao ARN estendido e liga-se ao ARN estendido (responsável pela DM1). A interação impede que o ARN interaja com outra molécula e com a proteína da cegueira muscular, que é central para o processo da doença na DM1. Embora a terapia génica ainda esteja longe de uma aplicação clínica bem sucedida, poderá tornar-se uma abordagem terapêutica valiosa no futuro.

9.3.2 Agentes quimioterapêuticos e outros tratamentos para DM1

Os agentes quimioterapêuticos, como o metanossulfonato de etilo, a mitomicina C, a mitoxantrona e a doxorrubicina, etc., reduziram a repetição alargada de CTG em células linfoblásticas de doentes com DM1 (Hashem *et al.*, 2004). Isto poderia ser potencialmente aplicável a dezassete doenças neurológicas difíceis de tratar, incluindo a degenerescência espinocerebelosa, para além da DM1.

10. CONCLUSÃO E DIRECÇÕES FUTURAS

A DM1 é única entre todas as doenças de repetição tripla, na medida em que uma mutação na 3'- UTR do gene DMPK se expande com repetições CTG, conduzindo à doença. Foram feitos muitos progressos no desenvolvimento de terapêuticas moleculares para a distrofia miotónica, e muitas destas abordagens são muito promissoras. No entanto, antes de podermos transpor estas terapêuticas para ensaios clínicos, temos de identificar primeiro as medidas de resultados adequadas que podem ser utilizadas como marcadores da eficácia terapêutica. Para além disso, é necessário identificar biomarcadores moleculares da doença que possam ser utilizados para acompanhar o grau de alteração da doença através da intervenção terapêutica. Se as medidas escolhidas no ensaio clínico não reflectirem adequadamente as alterações do estado da doença, estas novas terapêuticas podem ser consideradas ineficazes, apesar do seu benefício real. Estão a ser desenvolvidas novas iniciativas para identificar biomarcadores adequados e quais as medidas de resultados mais fiáveis e significativas para efeitos de ensaios clínicos. A investigação no domínio da DM1 abriu novas fronteiras na investigação médica.
Cerca de 20 anos após a descoberta da primeira mutação da DM1, a compreensão da patologia molecular melhorou. Estão a ser desenvolvidos vários oligonucleótidos anti-sentido (AONs), medicamentos e pequenas moléculas promissores e eficazes, mas ainda há muito a fazer. Um segundo grande desafio no tratamento da DM1 é a natureza multissistémica da doença, que é altamente variável e dificulta a definição de tecidos-alvo e o desenvolvimento de biomarcadores fiáveis para ensaios clínicos.

Em resumo, apesar dos grandes progressos alcançados, são necessários mais estudos básicos e de translação para compreender a patogénese molecular da

AGRADECIMENTOS
Os autores agradecem ao **Departamento de Genética Médica, Sanjay Gandhi Post Graduate Institute of Medical Sciences (SGPGIMS), Lucknow**, pela concetualização, conceção do manuscrito e realização da investigação. **O Dr. Ashok Kumar** está grato ao **Ministério da Ciência e Tecnologia, Nova Deli**.

REFERÊNCIAS

Addis M, Serrenti M, Meloni C, Cau M, Melis MA. Triplet-primed PCR is more sensitive than Southern blotting-long PCR for the diagnosis of myotonic dystrophy type 1. Genet. Test. Mol. Biomarkers 2012; 16(12):1428-1431.

Aliosman F, Akande O, Antoun G, Mao JX, Buolamwini J. Clonagem molecular, caraterização e expressão em Escherichia coli de cDNAs completos de três variantes do gene da glutationa S-transferase Pi humana. Evidência de atividade catalítica diferencial das proteínas codificadas. J Biol Chem 1997; 272(2):10004-10012.

Argov Z, de Visser M. What we do not know about pregnancy in hereditary neuromuscular disorders (O que não sabemos sobre a gravidez em doenças neuromusculares hereditárias). Neuromuscul Disord. 2009; 19:675-9.

Armstrong RN. Structure, catalytic mechanism and evolution of glutathione transferases. Chem Res Toxicol 1997; 10:2-18.

Arsenault ME, Prevost C, Lescault A, Laberge C, Puymirat J, Mathieu J. Caraterísticas clínicas de doentes com distrofia miotónica tipo 1 e pequenas expansões CTG. Neurology 2006; 66:1248-50.

Ashizawa T, Epstein HF. Distribuição étnica do gene da distrofia miotónica. Lancet 1991; 338:642-643.

Ashizawa T, Dubel JR, Dunne PW, Dunne CJ, Fu YH, Pizzuti A, *et al.* Antecipação na distrofia miotónica. II Relações complexas entre os achados clínicos e a estrutura da repetição GCT. Neurology 1992b; 42(10):1877-83.

Ashizawa T, Dunne CJ, Dubel JR, Perryman MB, Epstein HF, Boerwinkle E, *et al.* Antecipação na distrofia miotónica. I. Revisão estatística baseada em resultados clínicos e haplótipos. Neurology 1992a; 42(10):1871-7.

Ashizawa T, Wong LJ, Richards CS, Caskey CT, Jankovic J. Tamanho da repetição CAG e apresentação clínica na doença de Huntington. Neurology 1994; 44(6):1137- 43.

Bae JS, Kim OK, Kim SJ, Kim BJ. Anomalias dos estudos de condução nervosa na distrofia miotónica tipo 1: envolvimento primário dos nervos ou coexistência coincidente? J Clin Neurosci. 2008; 15(10):1120-4.

Basu P, Gangopadhaya PK, Mukherjee SC, Das SK, Sinha KK, Bhattacharyya NP. Anatomia molecular da expansão CTG no gene da proteína cinase da miotonina em doentes com distrofia miotónica do leste da Índia. Hum Mutat. 2000; 16(4):372.

Beijersbergen RSHM, Kemp A, Storm Van Leeuwen W. EEG observations in dystrophia myotonica (Curschmann-Steinert). Electroencephalogr Clin Neurophysiol 1980; 49:143-51.

Bellini M, Biagi S, Stasi C, Costa F, Mumolo MG, Ricchiuti A, *et al.* Manifestações gastrointestinais na distrofia muscular miotónica. World J Gastroenterol. 2006; 12:1821-8.

Bensoussan L, De Saint Jean M, Lozato P, Auzerie O, Ohana L, Baudouin C. [Contração grave da capsulorrexe bilateral após cirurgia da catarata para distrofia miotónica: relato de um caso]. J Fr Ophtalmol. 2004; 27:479-483.

Botta A, Rinaldi F, Catalli C, Vergani L, Bonifazi E, Romeo V, *et al.* A magnitude da expansão da repetição CTG está correlacionada com os defeitos de splicing observados nos músculos de pacientes com distrofia miotónica tipo 1. J. Med. Genet. 2008; 45(10):639-646.

Breton R, Mathieu J. Utilidade dos dados clínicos e electrocardiográficos para a previsão de eventos cardíacos adversos em doentes com distrofia miotónica. Can J Cardiol. 2009;25:e23-7.

Brook JD, McCurrach ME, Harley HG, Buckler AJ, Church D, Aburatani H, *et al.* Molecular basis of myotonic dystrophy: expansion of a trinucleotide (CTG) repeat at the 3' end of a transcript encoding a protein kinase family member. Cell 1992; 68:799-808.

Buxton J, Shelbourne P, Davies J, Jones C, Tongeren T, Aslanidis C, *et al.* 1992. Deteção de um fragmento de ADN instável específico de indivíduos com distrofia miotónica. Nature 1992; 355:547-548.

Cadenas E, Davies KJ. Free radical generation in the mitochondria, oxidative stress and ageing. Free Radic Biol Med 2000; 29:222-230.

Carter JN, Steinbeck KS. Redução dos androgénios supra-renais em doentes com distrofia miotónica. J Clin Endocrinol Metab. 1985; 60(3):611-4.

Chahine M, George Jr AL. A cinase da distrofia miotónica modula o músculo esquelético mas não os canais de sódio dependentes da voltagem cardíaca. FEBS Lett. 1997; 412(3):621-624.

Choi BO, SunWoo IN, Kim SM, Lee JS, Lee EK, Park KD, *et al.* Significado clínico da expansão de repetições CTG em doentes coreanos com distrofia miotónica. J Korean Neurol Assoc 1999; 17:548-53.

Cigliano B, Baltogiannis N, De Marco M, Faviou E, Settimi A, Tilemis S, *et al.* Pilomatricoma na infância: um estudo retrospetivo de três centros pediátricos europeus. Eur J Pediatr. 2005; 164:673-7.

Clark A. Genetic imprinting in clinical genetics (Impressão genética na genética clínica). In: Monk M, Surani A (eds) Genomic Imprinting. Cambridge University Press, Cambridge 1990; 131-139.

Cobo AM, Poza JJ, Martorell L, Lopez de Munain A, Emparanza JI, Baiget M. Contribuição das análises moleculares para a estimativa do risco de distrofia miotónica congénita. J Med Genet. 1995; 32:105-8.

Cooper TA. Uma inversão do infortúnio para a distrofia miotónica? 2006. N Engl J Med. 355; 1825-7.

Cotgreave IA, Moldeus P , Brattsand R , Hallberg A , Andersson CM , Engman L. Derivados de alfa-(fenilselenil)acetofenona com atividade semelhante à da glutationa peroxidase: uma comparação com o ebselen . Biochem Pharmacol 1992; 43:793-802.

Dabby R, Saden M, Herman O, Leibou L, Kremer E, Mordechai S, *et al.* 2011 Achados clínicos, electrofisiológicos e patológicos em 10 pateints com DM2. Isr Med Assoc J. 2011; 13(12):745-7.

Damian MS, Gerlach A, Schmidt F, *et al.* 2001. modafinil for excessive daytime sleepiness in myotonic dystrophy. Neurology 2001; 56:794-6.

Dauvilliers YA, Laberge L. Distrofia miotónica tipo 1, sonolência diurna e desregulação do sono REM. Sleep Med Rev. 2012; 16:539-45.
Davies J, Yamagata H, Shelbourne P, Buxton J, Ogihara T, Nokelainen P, *et al.* Comparação da repetição da CTG associada à distrofia miotónica nas populações europeia e japonesa. J Med Genet 1992; 29:766-769.
de Die-Smulders CEM, Smeets HJ, Wloots, *et al.* Transmissão paterna da distrofia miotónica congénita. J Med Genet 1997; 34:930-3.
de Haro M, Al-Ramahi I, De Gouyon B, Ukani L, Rosa A, Faustino NA, *et al.* MBNL1 e CUGBP1 modificam a toxicidade induzida por CUG num modelo de distrofia miotónica 1 em Drosophila. Mol. Genet. 2006; 15(13):2138-2145.
de Swart BJ, van Engelen BG, van de Kerkhof JP, Maassen BA. Miotonia e disartria flácida em doentes com distrofia miotónica do adulto. J Neurol Neurosurg Psychiatry 2004; 75:1480-2.
De Temmerman N, Sermon K, Seneca S, De Rycke M, Hilven P, Lissens W, *et al.* Intergenerational instability of the expanded CTG repeat in the DMPK gene: studies in human gametes and preimplantation embryos. Am J Hum Genet. 2004; 75:325-9.
Dean NL, Loredo-Osti JC, Fujiwara TM, Morgan K, Tan SL, Naumova AK, *et al.* Distorção da relação de transmissão no locus da distrofia miotónica em embriões humanos pré-implantados. Eur J Hum Genet. 2006; 14:299-306.
Deka R, Majumder PP, Shriver MD, Stivers DN, Zhong Y, Yu LM, *et al.* Distribuição e evolução das repetições CTG no gene da proteína cinase da miotonina em populações humanas. Genome Res. 1996; 6(2):142-154.
Devi MG, Chaudhary JR, Vasanth A, Saleem Q, Mutsuddi M, Gopinath M, *et al.* Correlação do perfil clínico da distrofia miotónica com repetições CTG no gene da proteína cinase da miotonina. Indian J Med Res. 1998; 107:187-196.
Douniol M, Jacquette A, Cohen D, Bodeau N, Rachidi L, Angeard N, *et al.* Fenótipo psiquiátrico e cognitivo da distrofia miotónica infantil tipo 1 Dev Med Child Neurol. 2012; 54:905-11.
Ekström AB, HakenäsPlate L, Tulinius M, Wentz E. Cognição e capacidades adaptativas na distrofia miotónica tipo 1: um estudo de 55 indivíduos com formas congénitas e infantis. Dev Med Child Neurol. 2009; 51:982-90.
Ekström AB, Tulinius M, Sjöström A, Aring E. Visual function in congenital and childhood myotonic dystrophy type 1. Ophthalmology 2010; 117:976-82.
Elkins JM, Amos A, Niesen FH, Pike AC, Fedorov O, Knapp S. Estrutura da proteína cinase da distrofia miotónica. Protein Sci. 2009; 18(4):782-91.
Elliott P, Andersson B, Arbustini E, Bilinska Z, Cecchi F, Charron P, *et al.* Classificação das cardiomiopatias: uma declaração de posição do Grupo de Trabalho da Sociedade Europeia de Cardiologia sobre Doenças do Miocárdio e do Pericárdio. Eur Heart J. 2008; 29(2):270-6.
Ercolin B, Sassi FC, Mangilli LD, Mendonça LI, Limongi SC, de Andrade CR. Movimentos motores orais e deglutição em pacientes com distrofia miotônica tipo 1. Dysphagia 2013; 28:446-54.
Facenda-Lorenzo M, Hernández-Afonso J, Rodríguez-Esteban M, de León-

Hernández JC, Grillo-Pérez JJ. Manifestações cardíacas na distrofia miotónica Pacientes do tipo 1 tratados numa unidade especializada de acordo com um protocolo padrão. Rev Esp Cardiol. 2013; 66:193-7.
Filippova GN, Thienes CP, Penn BH, Cho DH, Hu YJ, Moore JM, *et al.* Os locais de ligação do CTCF flanqueiam as repetições CTG/CAG e formam um isolador sensível à metilação no locus DM1. Nature Genet. 2001; 28:335-343.
Finkel T , Holbrook NJ. Oxidants, oxidative stress and the biology of ageing. Nature 2000; 408:239-247.
Foff EP, Mahadevan MS. Desenvolvimento de terapêuticas na Distrofia Miotónica 1 Muscle Nerve 2011; 44(2):160-169.
Folkers K, Wolaniuk J, Simonsen R, Morishita M, Vadhanavikit S. Biochemical basis and cardiac response of patients with muscle disease to coenzyme Q10 therapy. Proc Natl Acad Sci USA. 1985; 82:4513-4516.
Friedlander WJ, Bittenbender JB. Achados de EEG na miotonia distrófica. Electroencephalogr Clin Neurophysiol 1964; 17:564-6.
Frisch R, Singleton KR, Moses PA, Gonzalez IL, Carango P, Marks HG, *et al.* Effect of triplet repeat expansion on chromatin structure and expression of DMPK and neighbouring genes, SIX5 and DMWD, in myotonic dystrophy. Mol. Genet. Metab. 2001; 74(1-2):281-291.
Fu YH, Pizzuti A, Fenwick RG Jr, King J, Rajnarayan S, Dunne PW, Dubel J, Nasser GA, Ashizawa T, de Jong P, *et al.* Uma repetição instável de tripletos num gene relacionado com a distrofia muscular miotónica. Science 1992; 255(5049):1256-1258.
Fu YH, Friedman DL, Richards S, Pearlman JA, Gibbs RA, Pizzuti A, *et al.* Diminuição da expressão do ARN mensageiro e da proteína miotonina-proteína cinase na forma adulta da distrofia miotónica. Science 1993; 260(5105):235-238.
Furlin D, Marette A, Puymirat J. Insulin-like growth fator I bypasses defective insulin action in human skeletal muscle cells in myotonic dystrophy. Endocrinology 1999; 140:4244-50.
Furling D, Doucet G, Langlois MA, Timchenko L, Belanger E, Cossette L, *et al.* O vetor viral que produz RNA antisense restaura a função dos mioblastos na distrofia miotónica. Gene Ther. 2003; 10:795-802.
Furuya H, Shinnoh N, Ohyagi Y, Ikezoe K, Kikuchi H, Osoegawa M, *et al.* Alguns flavonóides e DHEA-S previnem o efeito cis de repetições CTG alargadas num transformante estável de células PC12. Biochem Pharmacol. 2005; 69:503-516.
Garcia de Andoin N, Echeverria J, Cobo AM, Rey A, Paisan L, Lopez de Munain A. Uma forma neonatal de distrofia miotónica de Steinert em gémeos após fertilização in vitro. Fertil Steril. 2005; 84:756.
Garrott HM, Walland MJ, O'Day J. Recurrent posterior capsular opacification and capsulorhexis contracture after cataract surgery for myotonic dystrophy. Clin Experiment Ophthalmol. 2004; 32:653-5.
Geh JL, Moss AL. Pilomatrixomata múltiplo e distrofia miotónica: uma associação familiar. Br J Plast Surg. 1999; 52:143-5.
Gharehbaghi-Schnell EB, Finsterer J, Korschineck I, Mamoli B, Binder BR.

Correlação genótipo-fenótipo na distrofia miotónica. Clin Genet. 1998; 53:20-6.
Goossens V, DeRycke M, DeVos A, *et al.* Eficiência diagnóstica, desenvolvimento embrionário e resultados clínicos após biópsia de um ou dois blastómeros para diagnóstico genético pré-implantação. Hum. Reprod. 2008; 223:481-492.
Gourdon G, Dessen P, Lia AS, Junien C, Hofmann-Radvanyi H. Intriguing link between disease-associated unstable trinucleotide repeats and CpG islands. Ann Genet. 1997; 40(2):73-7.
Grant R, Sutton DL, Behan PO, Ballantyne JP. Nifedipina no tratamento da miotonia na distrofia miotónica. J Neurol Neurosurg Psychiatry 1987; 50:199206.
Groenen PJTA, Wansink DG, Coerwinkel MM, van den Broek W, Jansen G, Wieringa B. Formas constitutivas e reguladas de splicing geram seis grandes Isoformas da proteína cinase da distrofia miotónica (DMPK) com propriedades diferentes. Hum Mol Genet 2000; 9:605-616.
Groh WJ, Groh MR, Shen C, Monckton DG, Bodkin CL, Pascuzzi RM. Sobrevivência e expansão da repetição CTG em adultos com distrofia miotónica tipo 1 Muscle Nerve. 2011; 43:648-51.
Hall JG. The importance of imprinting for human disease. In: Monk M, Surani A (eds) Genomic Imprinting. Cambridge University Press, Cambridge 1990; 141148.
Harley HG, Brook JD, Rundle SA, Crow S, Reardon W, Buckler AJ, *et al.* Expansão de uma região instável do ADN e variação fenotípica na distrofia miotónica. Nature 1992; 355:545-546.
Harper PS, Harley HG, Reardon W, *et al.* Antecipação na distrofia miotónica: nova luz sobre um problema antigo. Am. J. Genet. 1992; 5(1):10-16.
Harper PS. Myotonic Dystrophy, 2nd ed, Saunders, London and Philedelphia. 1989.
Harper PS. Myotonic Dystrophy, 3ª ed. Harcourt Publishers Ltd, Londres. 2001.
Hashem VI, Pytlos MJ, Klysik EA, Tsuji K, Khajavi M, Ashizawa T, *et al.* Eliminação quimioterapêutica de repetições CTG em células linfoblásticas de doentes com DM1. Nucleic Acids Res. 2004; 32:6334-6346.
Hayes JD, Pulford DJ. The glutathione S-transferase supergene family: regulation of GST and the contribution of isoenzymes to chemoprotection and drug resistance in cancer. Crit Rev Biochem mol Biol 1995; 30(6):445-600.
Heatwole CR, Miller J, Martens B, Moxley RT 3rd. Anomalias laboratoriais em doentes ambulatórios com distrofia miotónica tipo 1. Arch Neurol. 2006; 63:1149-53.
HG, Rundle SA, MacMillan JC, Myring J, Brook JD, Crow S, *et al.* Tamanho da sequência de repetição CTG instável em relação ao fenótipo e à transmissão parental na distrofia miotónica. Am. J. Hum. Genet. 1993; 52(6):1164- 1174.
Ho TH, Bundman D, Amstrong DL, Cooper TA, *et al.* Os ratinhos transgénicos que expressam CUG-BP1 reproduzem a desregulação do splicing observada na distrofia miotónica. Hum. Mol. Genet. 2005; 14(11):1539-1547.
Howeler CJ, Busch, HFM, Geraedts JPM, Neirmeijer MF, Staal A. Antecipação

na distrofia miotónica: facto ou ficção? Brain 1989; 112:779-797.
Howeler CJ. Um estudo clínico e genético da distrofia miotónica. Dissertação, Universidade Erasmus, Roterdão. 1986.
Huber SJ, Kissel JT, Shuttleworth EC, Chakeres DW, Clapp LE, Brogan MA. Imagem de ressonância magnética e correlações clínicas de deficiência intelectual na distrofia miotónica. Arch Neurol 1989; 46:536-40.
Hunter A, , Tsilfidis C, Mettler G, Jacob P, Mahadevan M, Surh L, *et al.* The correlation of age of onset with CTG trinucleotide repeat amplification in myotonic dystrophy. J. Med. Genet. 1992; 29(11):774-779.
Ihara Y, Mori A, Hayabara T, Namba R, Nobukuni K, Sato K, *et al.* Radicais livres, peróxidos lipídicos e antioxidantes no sangue de doentes com distrofia miotónica. J Neurol 1995; 242:119-122.
Imbert G, Kretz C, Johnson K, Mandel J-L. Origem da mutação de expansão na distrofia miotónica. Nature Genet. 1993; 46:971-80.
Inskip A, Elexperu CJ, Buxton N, Dias PS, MacIntosh J, *et al.* Identificação de polimorfismo no locus da glutationa S-transferase, GSTM3: evidência de ligação com GSTM1*A. Biochem J 1995; 312(3):713-716.
Consórcio Internacional para a Distrofia Miotónica. Nova nomenclatura e diretrizes de teste de ADN para a distrofia miotónica tipo 1 (DM1). O Consórcio Internacional para a Distrofia Miotónica (IDMC). Neurologia 2000; 54:1218-21.
Iyer RR, Wells RD. A expansão e a eliminação de sequências repetidas de tripletos em Escherichia coli ocorrem na cadeia principal de replicação do ADN. J Biol Chem. 1999; 274(6):3865-77.
Kakourou G, Dhanjal S, Mamas T, Gotts S, Doshi A, Fordham K, *et al.* Preimplantation genetic diagnosis of myotonic dystrophy type 1 in the UK (Diagnóstico genético pré-implantação da distrofia miotónica tipo 1 no Reino Unido). Neuromuscul Disord. 2008; 18:131-6.
Kalkman JS, Schillings ML, van der Werf SP, Padberg GW, Zwarts MJ, van Engelen BG, *et al.* Fadiga sentida na distrofia facioscapulohumeral, distrofia miotónica e HMSNI. J Neurol Neurosurg Psychiatry 2005; 76:1406-9.
Kamsteeg EJ, Kress W, Catalli C, Hertz JM, Baumgartner MW, Buckley MF, *et al.* Orientações e recomendações de boas práticas sobre o diagnóstico molecular da distrofia miotónica dos tipos 1 e 2. Eur. J. Hum. Genet. 2012; 20(12):1203-1208.
Kanadia RN, Johnstone KA, Mankodi A, Lungu C, Thornton CA, Esson D, *et al.* Um modelo knockout de distrofia miotónica com cegueira muscular. Science 2003; 302(5652):1978-1980.
Kanadia RN, Shin J, Yuan Y, *et al.* Reversão de RNA missplicing e miotonia após sobreexpressão de muscleblind num modelo de rato poly(CUG) para distrofia miotónica. Proc Natl Acad Sci USA. 2006; 103:11748-53.
Kang S, Jaworski A, Ohshima K, Wells RD. A expansão e a eliminação de repetições CTG de genes de doenças humanas são determinadas pela direção da replicação em E. Coli. Nat Genet. 1995; 10(2):213-8.
Kashiwagi K, Nagafuchi S, Sekiguchi N, Yamagata A, Iwata I, Furuya H, *et al.* A

troglitazona não só reduziu a resistência à insulina como também melhorou a miotonia num doente com distrofia miotónica. Eur Neurol. 1999; 41:171-172.
Khajavi M1, Tari AM, Patel NB, Tsuji K, Siwak DR, Meistrich ML, *et al.* "Mitotic drive' of expanded CTG repeats in myotonic dystrophy type 1 (DM1)", Human Molecular Genetics 2001; 10(8):855-863.
Kim SY, Kim JY, Kim GP, Sung JJ, Lim KS, Lee KW, Chae JH, Hong Y-H, Seong MW, Park SS. Caraterísticas moleculares e clínicas da distrofia miotónica tipo 1 em coreanos. Korean J Lab Med 2008; 28:483-92.
Klesert TR, Cho DH, Clark JI, Maylie J, Adelman J, Snider L, *et al.* Os ratinhos deficientes em Six5 desenvolvem cataratas: implicações para a distrofia miotónica. Nat Genet. 2000; 25(1):105-109.
Klesert TR, Otten AD, Tapscott SJ. Uma expansão de repetição de trinucleótidos no locus da distrofia miotónica reduz a expressão de DMAHP. Nat Genet. 1997; 16(4):402-406.
Korade-Mirnics Z, Babitzke P, Hoffman E. Myotonic dystrophy: molecular windows on a complex etiology. Nucleic Acids Res. 1998; 26(6):1363-8.
Kouki T, Takasu N, Nakachi A, Tamanaha T, Komiya I, Tawata M. Low-dose metformin improves hyperglycaemia associated with myotonic dystrophy. Diabet Med. 2005; 22:346-347.
Kumar A, Agarwal S, Agarwal D, Phadke S. Distrofia miotónica tipo 1 (DM1): Um distúrbio de expansão de repetição tripla. Genes 2013; 522:226-230.
Kumar A, Agarwal S, Pradhan S. Avaliação da pré-mutação em membros da família afectados pela distrofia miotónica tipo 1 por TP-PCR e aconselhamento genético. Relatos de casos em medicina 2014; 2014:1-8.
Kumar A, Kumar V, Singh S, Muthuswamy S, Agarwal S. Rácio oxidante e antioxidante desequilibrado na distrofia miotónica tipo 1. Free Radical Research 2014; 48(4):503-10.
Laberge L, Bégin P, Dauvilliers Y, Beaudry M, Laforte M, Jean S, *et al.* A polysomnographic study of daytime sleepiness in myotonic dystrophy type 1. J Neurol Neurosurg Psychiatry 2009; 80:642-6.
Lamusi B, Artero R. Molecular effects of CTG repeats in the mutant dystrophia myotonica protein kinase gene. Curr. Genomics 2008; 9(8):509-516.
Lazarus A, Varin J, Babuty D, Anselme F, Coste J, Duboc D. Long-term follow-up of arrhythmias in patients with myotonic dystrophy treated by pacing: a multicentre diagnostic pacemaker study. J Am Coll Cardiol. 2002; 40:16451652.
Leyburn P, Walton JN. O tratamento da miotonia: um ensaio clínico controlado. Brain 1959; 82:81-91.
Li LB, Yu Z, Teng X, Bonini NM. A toxicidade do ARN é um componente da degradação da ataxina-3 em Drosophila. Nature 2008; 453:1107-1111.
Logigian EL, Blood CL, Dilek N, Martens WB, Moxley RT 4th, Wiegner AW, *et al.* Análise quantitativa do "fenómeno de aquecimento" na distrofia miotónica tipo 1. Muscle Nerve. 2005; 32:35-42.
Logigian EL, Martens WB, Moxley RT, McDermott MP, Dilek N, *et al.* Mexiletine is an effective antimyotonia treatment in myotonic dystrophy type 1

Neurology 2010; 74(18):1441-8.
Logigian EL, Moxley RT 4th, Blood CL, Barbieri CA, Martens WB, Wiegner AW, *et al.* O comprimento das repetições CTG dos leucócitos está correlacionado com a gravidade da miotonia na distrofia miotónica tipo 1. Neurology 2004; 62:1081-9.
Lundervold A, Refsum S, Jacobsen W. O EEG na distrofia miotónica. Eur Neurol 1969; 2:279-84.
MacDonald JR, Hill JD, Tarnopolsky MA. O modafinil reduz a sonolência excessiva e melhora o humor em pacientes com distrofia miotónica. Neurology 2002; 59:1876-1880.
Mahadevan M, Tsilfidis C, Sabourin L, Shutler G, Amemiya C, Jansen G, *et al.* Mutação da distrofia miotónica: uma repetição instável de CTG na região 3′ não traduzida do gene. Science 1992; 255:1253-1255.
Mahadevan MS, Amemiya C, Jansen G, Sabourin L, Baird S, Neville CE, *et al.* Estrutura e sequência genómica do gene da distrofia miotónica (DM kinase). Hum. Mol. Genet. 1993; 2(3):299-304.
Mankodi A, Thornton CA. Síndromes miotónicas. Curr Opin Neurol 2002; 15:545-552.
Mankodi A, Urbinati CR, Yuan QP, Moxley RT, Sansone V, Krym M, *et al.* Muscleblind localizado em focos nucleares de ARN aberrante na distrofia miotónica tipos 1 e 2. Hum. Mol. Genet. 2001; 10(19):2165-2170.
Mankodi A. Distúrbios miotónicos. Neurologia Índia 2008; 56(3):298-304.
Marc-Andre' L, Nan Sook L, Rossi JJ, *et al.* Hammerhead ribozyme-mediated destruction of nuclear foci in myoblasts myotonic dystrophy. Mol Ther. 1999; 7:670-80.
Marnett LJ. Oxyradicals and DNA damage. Carcinogénese 2000; 21:361-370.
Martorell L, Cobo AM, Baiget M, Naudó M, Poza JJ, Parra J. Diagnóstico pré-natal na distrofia miotónica tipo 1. Treze anos de experiência: implicações para o aconselhamento reprodutivo em famílias com DM1. Prenat Diagn. 2007; 27:68-72.
Martorell L, Monckton DG, Sanchez A, Lopez De Munain A, Baiget M. Frequency and stability of the premutation of myotonic dystrophy type 1 Neurology 2001; 56:328-35.
Mathieu J, Allard P, Potvin L, Prevost C, Begin P. A 10 year study of mortality in a cohort of patients with myotonic dystrophy. Neurology 1999; 52:1658-62.
Mathieu J1, De Braekeleer M, Prévost C, Boily C. Distrofia miotónica: avaliação clínica da incapacidade muscular numa população isolada com uma mutação presumivelmente homogénea. Neurology 1992; 42(1):203-208.
Matsumura T, Iwahashi H, Funahashi T, Takahashi MP, Saito T, Yasui K, *et al.* Um estudo transversal sobre a intolerância à glicose na distrofia miotónica. J Neurol Sci. 2009; 276:60-5.
Matsumura T, Yokoe M, Nakamori M, Hattori N, Saito T, Nozaki S, *et al* [Um ensaio clínico de monohidrato de creatina em pacientes com distrofia muscular]. Rinsho Shinkeigaku 2004; 44:661-666.

McCord JM, Fridovich I. Superóxido dismutase: uma função enzimática para a eritrocupreína (hemocupreína). J Biol Chem 1969; 244:6049-6055.

Miaux Y, Chiras J, Eymard B, Lauriot-Prevost MC, Radvanyi H, Martin-Duverneuil N, *et al.* Cranial MRI findings in myotonic dystrophy. Neuroradiology. 1997; 39(3):166-70.

Miller JW, Urbinati CR, Teng-Umnuay P, Stenberg MG, Byrne BJ, Thornton CA, *et al.* Recrutamento de proteínas muscleblind humanas para expansões (CUG)n associadas à distrofia miotónica. EMBO J. 2000; 19(17):4439-4448.

Minnerop M, Weber B, SchoeneBake JC, Roeske S, Mirbach S, Anspach C, *et al.* The brain in myotonic dystrophy 1 and 2: evidence for a predominant white matter disease. Brain. 2011; 134:3527-43.

Modoni A, Silvestri G, Vita MG, Quaranta D, Tonali PA, Marra C. Comprometimento cognitivo na distrofia miotónica tipo 1 (DM1): um estudo de acompanhamento longitudinal. J Neurol. 2008; 255:1737-42.

Mörner S, Lindqvist P, Mellberg C, Olofsson BO, Backman C, Henein M, *et al.* Profound cardiac conduction delay predicts mortality in myotonic dystrophy type 1. J Intern Med. 2010; 268:59-65.

Motta J, Guilleminault C, Billingham M, Barry W, Mason J. Anomalias cardíacas na distrofia miotónica. Estudos electrofisiológicos e histopatológicos. Am J Med. 1979; 67(3):467-473.

Moxley RT, Meola G. The myotonic dystrophies. In: The molecular and genetic basis of neurological and psychiatric disorders. Rosenberg RN, DiMauro S, Paulson HL, Ptacek L, Nestler EJ, eds. Philadelphia, PA: Wolters Kluwer; 2008; 532-41.

Munsat TL. Terapia da miotonia. Neurology. 1967; 170:359-367.

Musova Z, Mazanec R, Krepelova A, Ehler E, Vales J, Jaklova R, *et al.* Interrupções de sequência altamente instáveis da repetição CTG no gene da distrofia miotónica. Am. J. Med. Genet. 2009; 149A(7):1365-1374.

Nakazora H, Kurihara T. O efeito do sulfato de dehidroepiandrosterona (DHEAS) na miotonia: estudos intracelulares. Intern Med. 2005; 44(12):1247-51. Nazarian S1, Wagner KR, Caffo BS, Tomaselli GF. Preditores clínicos da progressão do distúrbio de condução na distrofia muscular miotónica tipo 1. Pacing Clin Electrophysiol 2011; 34(2):171-176.

Neville CE, Mahadevan MS, Barcelo JM, Korneluk RG. Análises genéticas de alta resolução sugerem um haplótipo predisponente para a origem da mutação da distrofia miotónica. Hum Mol Genet 1994; 3:45-51.

Ohta M, Itagakl Y, Itoh N, Hayashi K, Nishitani H, Ohta K. Anidrase carbónica III sérica na distrofia muscular e noutras doenças neurológicas: Relação com a creatina quinase. Clin Chem. 1991; 37(1):36-39.

Orngreen MC, ArlienSøborg P, Duno M, Hertz JM, Vissing J. Função endócrina em 97 pacientes com distrofia miotónica tipo 1. J Neurol. 2012; 259:912-20.

Pan H, Lin HM, Ku WY, Li TC, Li SY, Lin CC, *et al.* Análise haplotípica do locus da distrofia miotónica tipo 1 (DM1) em Taiwan: implicações para a baixa prevalência e mutações fundadoras da distrofia miotónica tipo 1 de Taiwan. Eur J

Hum Genet 2001; 9:638-41.

Peric S, Stojanovic VR, Nikolic A, Kacar A, Basta I, Pavlovic S, *et al.* Neuropatia periférica em doentes com distrofia miotónica tipo 1. Neurol Res. 2013; 35:331-5.

Personius KE, Nautiyal J, Reddy S. Myotonia e propriedades contrácteis do músculo em ratinhos deficientes em SIX5. Muscle Nerve 2005; 31(4):503-5.

Petri H, Vissing J, Witting N, Bundgaard H, Køber L. Cardiac manifestations of myotonic dystrophy type 1. Int J Cardiol. 2012; 160:82-8.

Phillips MF, Harper PS. Doença cardíaca na distrofia miotónica. Cardiovascular Research 1996; 33(1997):13-22.

Pincherle A, Patruno V, Raimondi P, Moretti S, Dominese A, MartinelliBoneschi F, *et al.* Distúrbios respiratórios do sono em 40 doentes italianos com distrofia miotónica tipo 1. Neuromuscular Disord. 2012; 22:219-24.

Radvansky J, Ficek A, Kadasi L. Melhorar o diagnóstico molecular das distrofias miotónicas: multiplexagem para a caraterização simultânea dos motivos repetidos DMPK e ZNF9. Molecular and cellular probes. 2011a; 25(4):182-185 Radvansky J, Ficek A, Minarik G, Palffy R, Kadasi L, *et al.* Effect of unexpected sequence interruptions to conventional PCR and repeat primed PCR in myotonic dystrophy type 1 testing. Diagn. Mol. Pathol. 2011b; 20(1):48-51. Rakocevic-Stojanovic V, Savic D, Pavlovic S, Lavrnic D, Stevic Z, Basta I, *et al.* Alterações intergeracionais na repetição CTG em relação ao sexo do progenitor transmissor na distrofia miotónica tipo 1. Eur J Neurol. 2005; 12:236-7. Redman JB, Fenwick RG Jr, Fu YH, Pizzuti A, Caskey CT. Relação entre o comprimento da repetição trinucleotídica GCT dos pais e a gravidade da distrofia miotónica na descendência. JAMA. 1993; 269:1960-5.

Ricker K, Grimm T, Koch MC, Schneider C, Kress W, Reimers CD, Schulte-Mattler W, Mueller-Myhsok B, Toyka KV, Mueller CR. Ligação da miopatia miotónica proximal ao cromossoma 3q. Neurology 1999; 52(1):170-171.

Riggins GJ, Lokey LK, Chastain JL, Leiner HA, Sherman SL, *et al.* Genes humanos com repetições polimórficas de trinucleótidos. Nat Genet 1992; 2(3):186- 191.

Ronnblom A, Andersson S, Hellstrom PM, *et al.* Esvaziamento gástrico na distrofia miotónica. Eur J Clin Invest. 2002; 32:570-4.

Ronnblom A, Forsberg H, Danielsson A. Gastrointestinal symptoms in myotonic dystrophy (Sintomas gastrointestinais na distrofia miotónica). Scand J Gastroenterol. 1996;31:654-7.

Rosen AD. Myotonic dystrophy. In: Rosenberg RN, Prusiner SB, Dimauro S, Barchi RL, eds. The molecular and genetic basis of neurological diseases. 2ed. Stoneham, MA: Butterworth-Heinemann; 1997.

Rubinsztein JS, Rubinsztein DC, Goodburn S, Holland AJ. A apatia e a hipersónia são caraterísticas comuns da distrofia miotónica. J Neurol Neurosurg Psychiatry 1998; 64:510-5.

Sansone V, Gandossini S, Cotelli M, Calabria M, Zanetti O, Meola G. Cognitive impairment in adult-onset myotonic dystrophies: a longitudinal study. Neurol Sci. 2007: 28:9-15.

Sermon K, De VA, Van de VH, *et al.* Fluorescent PCR and automated fragment analysis for the clinical application of preimplantation genetic diagnosis (Steinert disease). Mol. Hum. Reprod. 1998; 4:791-796.
Sermon K, Lissens W, Joris H, *et al.* Aplicação clínica do diagnóstico genético pré-implantação na distrofia miotónica. Prenat. Diagn. 1997; 17:925-932.
Sermon K, Seneca S, De Rycke M, *et al.* PGD no laboratório para doenças de repetição tripla - distrofia miotónica, doença de Huntington e síndrome do X frágil. Mol. Cell. Endocrinol. 2001; 183:S77-S85.
Shaw DJ, McCurrach M, Rundle SA, Harley HG, Crow SR, Sohn R, *et al.* Organização genómica e unidades transcricionais no locus da distrofia miotónica. Genomics 1993; 18:673-679.
Shaw DJ, Meredith AL, Sarfarazi M, Huson SM, Brook JD, Myklebost O, *et al.* 1985. O gene da apolipoproteína C2: localização subcromossómica e ligação ao locus da distrofia miotónica. Hum. Genet. 1985; 70:271-273.
Sistiaga A, Urreta I, Jodar M, Cobo AM, Emparanza J, Otaegui D, *et al.* Padrões cognitivos/personalidade e tamanho da expansão de tripletos na distrofia miotónica tipo 1 (DM1) em adultos: Repetições CTG, cognição e personalidade em DM1. Psychol Med. 2010; 40:487-95.
Smith CO, Lipe HP, Bird TD. Impact of presymptomatic genetic testing on inherited ataxia and neuromuscular disorders (Impacto dos testes genéticos pré-sintomáticos na ataxia hereditária e nas doenças neuromusculares). Arch Neurol. 2004; 61:875-80. Sovari AA, Bodine CK, Farokhi F. Cardiovascular manifestations of myotonic dystrophy-1. Cardiol Rev. 2007; 15:191-194.
Spits C, De RM, Verpoest W, *et al.* Diagnóstico genético pré-implantação na síndrome de Marfan. Fertil Steril 2006; 86:310-320.
Spits C, Seneca S, Hilven P, Liebaers I, Sermon K. Methylation of the CpG sites in the myotonic dystrophy locus does not correlate with CTG expansion size or with the congenital form of the disease. J. Med. Genet. 2010; 47:700703.
Stadtman ER, Levine RL. Protein oxidation. Ann N Y Acad Sci 2000; 899:191208.
Steinbach P, Glaser D, Vogel W, Wolf M, Schwemmie S. O gene DMPK de doentes com distrofia miotónica gravemente afectados está hipermetilado próximo da repetição CTG altamente expandida. Am. J. Hum. Genet. 1998; 62:278-285.
Strange RC, Jones PW, Fryer AA. Glutationa S-transferase: genética e papel na toxicologia. Toxicol Lett 2000; 112-113:357-363.
Streib EW, Sun SF. Distribuição da miotonia eléctrica na distrofia muscular miotónica. Ann Neurol 1983; 14:80-82.
Sugino M, Ohsawa N, Ito T, Ishida S, Yamasaki H, Kimura F, *et al.* Um estudo piloto do sulfato de dehidroepiandrosterona na distrofia miotónica. Neurology 1998; 51:586-589.
Suominen T, Bachinski LL, Auvinen S, *et al.* Frequência populacional da distrofia miotónica: frequência mais elevada do que o esperado da mutação da distrofia miotónica tipo 2 (DM2) na Finlândia. Eur. J. Hum. Genet. 2011; 19:776-782.
Talbot K, Stradling J, Crosby J, *et al.* Redução da sonolência diurna excessiva com modafinil em doentes com distrofia miotónica. Neuromuscul Disord. 2003;

13:357-64.
Tan I, Seow KT, Lim L, Leung T. Interações intermoleculares e intramoleculares regulam a atividade catalítica da cinase de ligação a cdc42 relacionada com a distrofia miotónica. Mol Cell Biol 2001; 21:2767-2778.
Thornton C. The myotonic dystrophies. In: Karpati G, ed. Structural and molecular basis of skeletal muscle diseases. Basileia, Suíça: ISN Neuropath Press; 2002; 10814.
Thornton CA, Johnson K, Moxley RT. Os doentes com distrofia miotónica têm expansões CTG maiores no músculo esquelético do que nos leucócitos. Ann Neurol 1994; 35:104-7.
[rd]Thornton CA, Wymer JP, Simmons Z, McClain C, Moxley RT 3 . A expansão da repetição CTG da distrofia miotónica reduz a expressão do gene DMAHP adjacente. Nature Genet. 1997; 16(4):407-409.
Tietze F. Método enzimático para a determinação quantitativa de quantidades nanométricas de glutatião total e oxidado. Anal Biochem 1969; 27:502-522 .
Timchenko NA, Cai ZJ, Welm AL, Reddy S, Ashizawa T, Timchenko LT, *et al.* As repetições CUG do ARN sequestram e alteram a concentração e a atividade da proteína CUGBP1. J. Biol. Chem. 2001; 276(11):7820-7826.
Tishkoff DX, Filosi N, Gaida GM, Kolodner RD. A novel mutation avoidance mechanism dependent on S. cerevisiae RAD27 is distinct from DNA mismatch repair. Cell 1997; 88(2):253-263.
Tishkoff SA, Goldman A, Calafell F, Speed WC, Deinard AS, BonneTamir B. Uma análise global de haplótipos do locus da distrofia miotónica: Implicações para a evolução dos humanos modernos e para a origem das mutações da distrofia miotónica. Am J Hum Genet 1998; 62:1389-1402.
Toscano A, Messina S, Campo GM, Dileo R, Musumeci O, Rodolico C, *et al.* Oxidative stress in myotonic dystrophy type 1 Free Radic Res 2005; 39:771776.
Trip J, Drost G, van Engelen BG, Faber CG. Tratamento medicamentoso para a miotonia. Cochrane Database Syst. Rev. 2006; 1:CD004762.
Turkbey EB, Gai N, Lima JA, van der Geest RJ, Wagner KR, Tomaselli GF, *et al.* Avaliação do envolvimento cardíaco na distrofia muscular miotónica através do mapeamento T1 na ressonância magnética. Heart Rhythm 2012; 9:1691-7.
[th] Udd B, Meola G, Krahe R, Thornton C, Ranum LP, Bassez G, *et al.* 140 Workshop Internacional da ENMC: Distrofia Miotónica DM2/PROMM e outras distrofias miotónicas com orientações para a gestão. Neuromuscul Disord 2006; 16:403-13.
Usdin K. The biological effects of simple tandem repeats: lessons from the repeat expansion diseases (Os efeitos biológicos das repetições simples em tandem: lições das doenças de expansão repetida). Genome Res. 2008; 18(7):1011-1019.
Usuki F, Ishiura S. Extended CTG repeats in myotonin protein kinase increase susceptibility to oxidative stress. Neuroreport. 1998; 9(10):2291-6.
Usuki F, Takahashi N, Sasagawa N, Ishiura S. Differential signalling pathways following oxidative stress in mutant myotonin protein kinase cDNA-transfected C2C12 cell lines. Biochem Biophys Res Commun. 2000; 267(3):739-43.

Verpoest W, De Rademaeker M, Sermon K, De Rycke M, Seneca S, Papanikolaou E, *et al.* Taxas de parto reais e esperadas de pacientes com distrofia miotónica submetidos a injeção intracitoplasmática de esperma e diagnóstico genético pré-implantação. Hum Reprod. 2008; 23:1654-60.

Verpoest W, Seneca S, De Rademaeker M, Sermon K, De Rycke M, De Vos M, *et al.* O resultado reprodutivo de pacientes com distrofia miotónica tipo 1 (DM1) submetidos a PGD não é influenciado pelo tamanho do trato de repetição CTG dilatado. J Assist Reprod Genet. 2010; 27:327-33.

Vlachopapadopoulou E, Zachwieja JJ, Gertner JM, Manzione D, Bier DM, Matthews DE, *et al.* Metabolic and clinical response to recombinant human insulin-like growth fator I in myotonic dystrophy - a clinical research centre study. J Clin Endocrinol Metab. 1995; 80(12):3715-3723.

Wahbi K, Meune C, Porcher R, Bécane HM, Lazarus A, Laforêt P, *et al.* Estudo eletrofisiológico com estimulação profilática e sobrevivência em adultos com distrofia miotónica e doença do sistema de condução. JAMA 2012; 307:1292301.

Walker FO. Doença de Huntington. Lancet 2007; 369:211-220.

Wansink DG, van Herpen, REMA, Coerwinkel-Driessen MM, Groenen, PJTA, Hemmings BA, *et al.* O splicing alternativo controla a estrutura, a atividade enzimática e a localização subcelular da proteína cinase na distrofia miotónica. Mol Cell Biol 2003; 23:5489-5501.

Warner JP, Barron LH, Goudie D, *et al.* Um método geral para a deteção de grandes expansões de repetições CAG por PCR fluorescente. J. Med. Genet. 1996; 33:1022-1026.

Wheeler TM, Lueck JD, Swanson MS, Dirksen RT, Thornton CA. A correção do splicing de ClC-1 abole a canalopatia de cloreto e a miotonia em modelos de ratinhos com distrofia miotónica. J Clin Invest. 2007; 117:3952-3957.

Winblad S, Lindberg C, Hansen S. Temperamento e carácter em doentes com distrofia miotónica clássica tipo 1 (DM1). Neuromuscul Disord. 2005; 15:287-92.

Winn N, Paul A, Musaro' A, *et al.* Insulin-like growth fator isoforms in skeletal muscle aging, regeneration, and disease. Cold Spring Harb Symp Quant Biol. 2003; 67:507-18.

Wintzen AR, Lammers GJ, van Dijk JG. O modafinil melhora a atividade em pacientes com distrofia miotónica? Um estudo cruzado, em dupla ocultação e controlado por placebo. *J* Neurol. 2007; 254:26-28.

Wozniak JR, Mueller BA, Bell CJ, Muetzel RL, Lim KO, Day JW. A imagem de tensor de difusão revela anormalidades generalizadas da substância branca em crianças e adolescentes com distrofia miotónica tipo 1. J Neurol. 2013; 260: 1122-31.

Yamagata H, Miki T, Nakagawa M, Johnson K, Deka R, Ogihara T. A associação de repetições CTG e a inserção/deleção de 1 kb Alu no gene da proteína cinase da miotonina na população japonesa sugere uma origem eurasiática comum da mutação da distrofia miotónica. Hum Genet 1996; 97:145-147.

Yla-Herttuala S. Oxidised LDL and atherogenesis. Ann N Y Acad Sci 1999; 874: 134-137.

Ylä-Herttuala S. Oxidised LDL and atherogenesis. Ann N Y Acad Sci 1999; 874:134-137.
Zaki M, Boyd PA, Impey L, Roberts A, Chamberlain P. Distrofia miotónica congénita: resultados da ecografia pré-natal e evolução da gravidez. Ultrasound Obstet Gynecol. 2007; 29:284-8.
Zeesman S, Carson N, Whelan DT. Transmissão paterna da forma congénita da distrofia miotónica tipo 1: um novo caso e revisão da literatura. Am J Med Genet. 2002; 107:222-6.

Índice

1.INTRODUÇÃO 3
2.DEFEITOS DE EXPANSÃO DE REPETIÇÕES TRIPLETES (TREDs) 4
3.CONHECIMENTOS BÁSICOS SOBRE AS DISTROFIAS MIOTÓNICAS 5
4.CONHECIMENTO GENÉTICO DO DM1 10
5.APRESENTAÇÃO CLÍNICA DA DOENÇA 18
6.CORRELAÇÃO GENÓTIPO-FENÓTIPO 21
7.PATOGÉNESE MOLECULAR DA DOENÇA 21
8.DIAGNÓSTICO 26
9.TERAPIA E GESTÃO 30
10.CONCLUSÃO E DIRECÇÕES FUTURAS 36
REFERÊNCIAS 38

MIX
Papier aus verantwortungsvollen Quellen
Paper from responsible sources
FSC® C105338

Printed by Books on Demand GmbH, Norderstedt / Germany